うちのネコ、ボクの目玉を食べちゃうの？

みんなが知りたい死体のコト
お答えします！

ケイトリン・ドーティ 著
十倉実佳子 訳

化学同人

Will My Cat Eat My Eyeballs?

Big Questions from Tiny Mortals about Death

by Caitlin Doughty

Japanese translation rights arranged with
W. W. NORTON & COMPANY, INC
through Japan UNI Agency, Inc., Tokyo

何歳であろうと、いつかは死体になる運命のみなさんへ

もくじ

もくじ

はじめに

こんにちは！　ケイトリンです。インターネットとかユーチューブに出ている葬儀屋としてご存じの方もいらっしゃるかもしれませんね。ラジオでは〝死の専門家〟としても活動しています。そんな私も親戚の子どもたちからすれば、ケロッグのシリアルをくれたり、誕生日にプリンスの写真入りのフォトフレームをプレゼントしてくれたりする、ちょっと変わった〝ケイトリンおばさん〟だったりします（こんなふうに私にもいろんな顔があるんですよ）。

私は小さいころ、恐ろしい〝死〟の場面に遭遇したことがあります。でも、その経験のおかげで、私は死から逃げ続けるのではなく、むしろ死についてもっと知ろうと思うようになりました。それからは中世の歴史について学び、火葬場で働き、葬祭の専門学校で防腐処理技術《エンバーミング》を学び、世界を旅して各地に残る死の習慣を調べ、ついに葬儀社を設立したのです。

そんなこれまでの経験でひとつわかったことがあるとすれば、死は私たちみんなに平等に訪れるということ。死から逃れられる人はいないということです。それならば、死から目をそらさずに、まっすぐ現実に向き合ったほうがいいはずです。大丈夫ですよ。実際にやってみたら、思っているほど悪いことにはなりませんから。

この本について

簡単に言えば、これまで受けてきたたくさんの〝死〟に関する質問の中から、特に斬新で楽しいものを選んで答えてみたのが、この本です。小難しいロケット科学の本ではないので安心してくださいね。

（とは言いましたけど、ロケット科学に関係する話も入っていました。「宇宙で宇宙飛行士が死んだらどうなる？」もぜひ読んでくださいね。）

どうしてみんなから〝死〟についていろいろ質問されるの？

そうですね、やっぱり私が葬儀屋だからでしょうか。それに変な質問にもまじめに答えるからかもしれません。何より、死体にすごく興味があるからでしょうね。あ、でも別に変な意味ではありませんよ（苦笑）。

私は、アメリカやカナダ、ヨーロッパ、オーストラリア、ニュージーランドといった国々で講演をおこない、死という不思議な現象について話してきました。そういったイベントでいちばんおもしろいのは質疑応答の時間です。腐敗しかけの死体や、頭の傷、骨、エンバーミング、火葬方法といったものすべてに、本当はみなさんが興味をもっているということがよくわかるからです。

みなさんから受ける〝死〟についての質問はどれも興味深いものばかり。でも、いちばん直球で刺激的なのは、やはり子どもたちからの質問です（保護者のみなさんは、ぜひメモをご準備ください！）。私自身、実際にQ＆Aのコーナーをもつまでは、「子どもたちはみんな無邪気で純真な質問をしてくるんだろうなぁ」なんて考えていました。

ところがどっこい。

子どもは大人よりもずっと肝が据わっていて、かなり鋭いところを突いてきます。内臓とか血の話だって平気なんです。もちろん、死んだペットのインコが天国で幸せに暮らしているのかどうかも気にはなるようですが、実はそんなことより、靴箱に入れて楓の木の下に埋めたインコが、どれくらいで腐敗するのかを知りたがっていたりします。

このように、この本に載せた数々の質問は、のびのびと育ったオーガニックな子どもたちから、一〇〇パーセント倫理にかなった方法で入手したものばかりです。

でも、〝死〟についてのQ＆Aなんて、ちょっと変なんじゃない？

これはどうしてもお伝えしておきたいのですが、死に興味をもつのは、いたって普通のことです。ところが人は大人になると、死のことを考えるなんて「病んでる」とか「おかしい」などと決めつけるようになる。自分たちが死を怖がっているものだから、ほかの誰かが死に興味をもつのを批判してやめさせようとするわけです。そうすれば自分も死について考えなくてすみますからね。

でも、それで本当にいいのでしょうか。私たちの文化では、死について知る機会があまりにも少ない。だからこそ余計に死が怖くなるのです。もしあなたがエンバーミング液に何が入っているかだとか、検視官はどんなことをするのか、地下墓地《カタコンベ》が何なのかといったことを知っているのなら、もうすでに世間一般の人よりは死に詳しいと言えるでしょう。

正直に言います。確かに死は、つらいものです。愛していた誰かが亡くなると、「どうして？」って思うでしょう。ときに死というものは、凄まじかったり、突然だったり、耐えがたいほどの悲しみをもたらしたりすることがあります。それでも、死は現実に起こるもの。そして現実とは、気に入らないからといって変えられるものではありません。

もちろん、死そのものを楽しむことなど、できるわけがありません。しかし、死についての学びを楽しくすることは、できます。死は科学や歴史であり、芸術や文学でもあります。あらゆる文化の懸け橋にもなり、全人類を結びつけるものでもあるのです。

死を受け入れ、死について学び、死について納得するまで質問を投げかければ、心に抱えている恐怖心をある程度はコントロールできるのではないか――そんなふうに私をはじめ、多くの人々が考えています。

それじゃあ、教えて。もしボクが死んだら、うちのネコはぼくの目玉を食べちゃうの？

すばらしい質問ですね！　それでは、始めましょう。

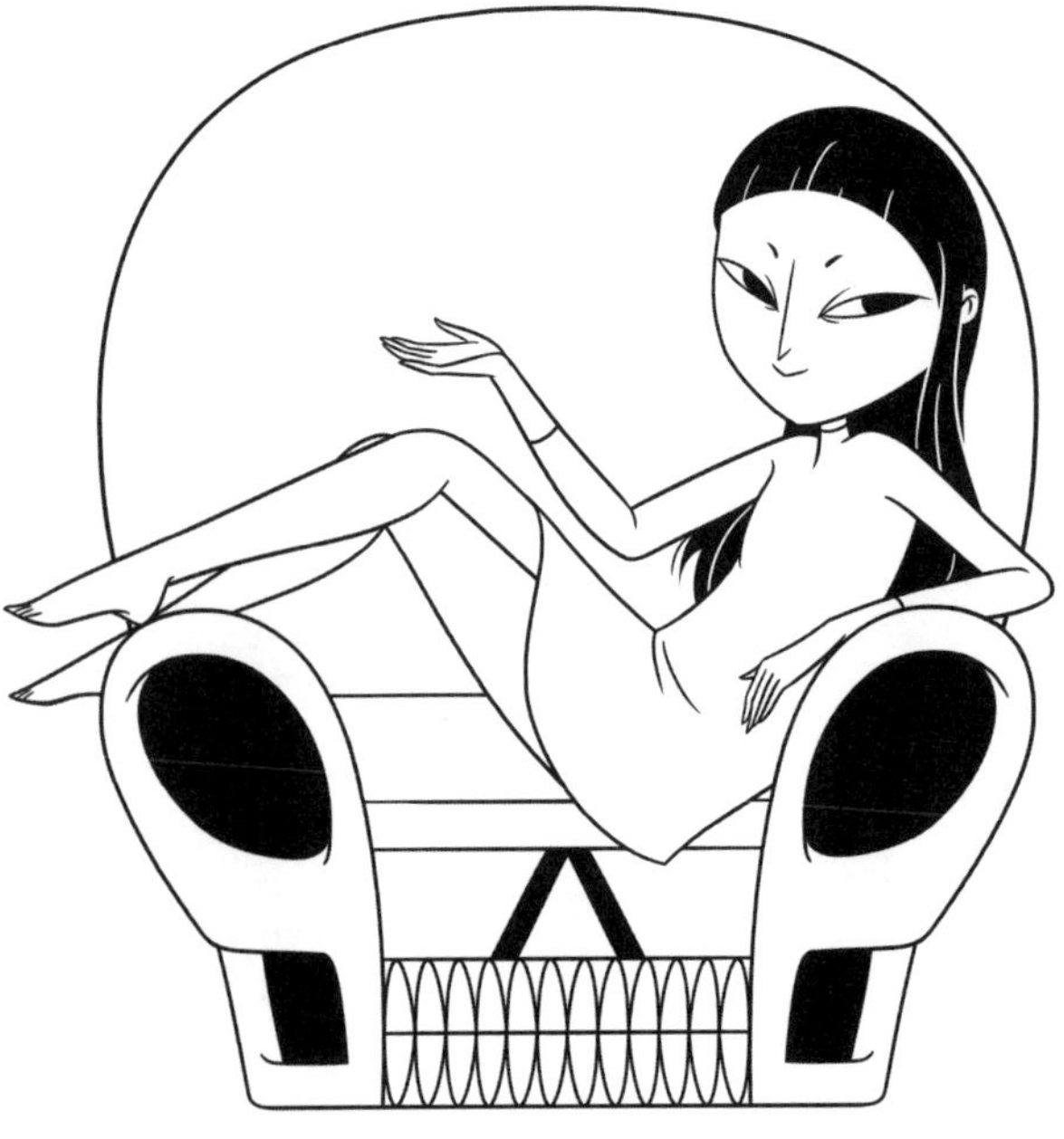

1 ボクが死んだらうちのネコはボクの目玉を食べちゃうの？

いいえ、あなたのネコちゃんはそんなことしませんよ。ええ、少なくとも死んですぐにはね。大丈夫ですってば。おたくのマフィンくんは、ソファーの陰で爪を研ぎながらあなたが死ぬのを今か今かと待っていて、あなたが息を引き取るやいなや、「スパルタの民よ！　今宵は地獄で食事だー！」と叫んで飛びかかってくる……ことはありませんから、どうぞご安心を〔訳注：このセリフは紀元前のテルモピュライの戦いを描いた映画『３００』でレオニダス１世が発したもの。撤退せずに徹底抗戦するというのが本来の意味〕。

あなたが亡くなってから数時間、場合によっては数日間も、マフィンくんは待っていることでしょう。「早くボクのご主人さまが起き上がって、いつものエサをいつものお皿に入れてくれないかなあ」って。そう、すぐに人肉に飛びついたりはしないのです。とはいえ、ネコだって食べなきゃ生きていけませんし、あなたにはエサを与える責任がありま す。これは人間とネコの間で交わされた契約であり、死んだからといって、この義務を免れることはできません。仮にあなたが心臓麻痺を起こしてリビングルームで倒れたとして、ガールフレンドのシーラとカフェで会う約束をしていた木曜日まで誰にも発見されなかったとしたら……お腹が空いて待ちきれなくなったマフィンくんは、空っぽのお皿に見切りをつけて、あなたの体でどこか食べられそうなところがないか、探りにくるかもしれません。

ネコに食べられるとすれば、顔や首など、衣服に覆われていない部分で柔らかいところ、なかでも口元や鼻が狙われそうです。もちろん目玉だって食べるでしょうけれど、どちらかと言えばもっと柔らかくてかじりやすい、まぶたや唇や舌なんかを好むでしょう。

「まさか、うちの可愛いネコちゃんがそんなことをするはずない！」って思います？でも忘れないでください。家畜化されたネコ科動物をどれだけ可愛がっていたとしても、その子のDNAの九五・六パーセントはライオンと同じ。隙を伺って目を光らせている殺し屋のようなものなんです。ネコは（アメリカ合衆国だけでも）一年で三七億羽もの鳥を殺しています。ネズミや野ネズミといった可愛い小型哺乳類を含めたら、犠牲者数は二〇〇億に達するかも。これはまさに大虐殺と言えますよ。そして、愛くるしい森の動物たちを大量に殺戮しているのは、ネコ科の裏ボス、私たちが飼っているネコちゃんたちなんです。え、何ですか？「うちのモフィーちゃんは優しい子だから、そんなことしないわ。私たち、テレビだって一緒に見てるのよ！」ですって？いいえ、奥さん。残念ながら、あなたの〝モフィーちゃん〟は正真正銘の肉食動物《プレデター》ですよ。

一方、（死体になったあなたに）朗報もあります。あのウネウネしていて邪悪そうに思えるペットたちは、実は飼い主を食べない（または、食べようとはしない）ようですよ。たとえばヘビ類やトカゲ類は、死んだあなたを食べないでしょう。ただし、立派に成長したコモドオオトカゲを飼っているなら話は別ですが。

　でも、いい話はここでおしまい。あなたの飼っているワンちゃんは、あなたを食べちゃいます。「そんな！　犬は人間の最良の友じゃないの!?」　ええ、残念ですけど、おたくのフワフワ・フィフィちゃんだって、何のためらいもなくあなたの体に食らいつくでしょう。そんな事件がいくつもあるんです。鑑識の当初の見立てでは暴行殺人だと考えられていたけれど、実は犯人は死後に遺体を襲った飼い犬のフィフィちゃんだった、というようなケースが。

　とはいえ、ワンちゃんがあなたに咬みついて肉を食いちぎったのは、お腹がすいていたからとは限りません。むしろ、フィフィちゃんはあなたの目を覚まそうとしたと考えられます。「なんだか、ご主人さまの様子がおかしい！」、そう思ったフィフィちゃんは、不安で気持ち

が張り詰めてしまったはず。こんなとき、犬なら飼い主の唇をちょっとかじり取ってしまうかもしれません。ちょうどあなたが爪を噛んだり、SNSのフィードを更新《リフレッシュ》したりして不安を紛らわすように。そう、誰だって不安にかられてやってしまうことって、ひとつやふたつ、ありますものね。

こんな悲しい事件も報告されています。四〇代のアルコール依存症だった女性のケースです。生前、彼女が酔っぱらって意識をなくすたび、ペットのアイリッシュセッターが、鼻顔を舐めたり脚を咬んだりして彼女の目を覚まそうとしていたようです。その女性が、鼻と口の肉が欠けた状態で死亡していました。犬は必死に飼い主を起こそうとしたのでしょう。何度も何度もがんばって起こそうとするうちに、徐々に力が入りすぎてしまった。しかしそれでも、女性が目を覚ますことはなかったのです。

法医学の事例研究では――アメリカには〝法医獣医学者〟なる職業があるって知ってました？――大型犬による被害ケースが注目を浴びやすいものです。たとえば、ジャーマンシェパード犬が飼い主の両目をほじり出したとか、ハスキー犬が飼い主のつま先を食べたとか。ところが、死体のバラバラ事件に関して言えば、犬の大きさは関係ありません。おちびのチワワ犬にも、こんな話があります。あるチワワ犬の新しい飼い主がメッセージボードに犬の写真と〝ボーナス情報〟を載せました。「このチワワの（元）飼い主は死後しばらく発見されなかった。この子はその飼い主を食べて生き延びたんだ」。このワンちゃん、チビ助ながらも、なかなかタフなサバイバーのようですね。

犬が死体を食べるのは、「不安で気持ちが高ぶっていたから」ということにしておいたほうが、なんとなく気持ちのうえでは受け入れやすい気がします。私たちはペットと心を通わせます。ですから、自分が死んだときには、舌なめずりなんてせずに悲しんでほしいと思うわけです。でも、どうしてこんな期待を抱いてしまうのでしょうか。ペットは死んだ動物を食べます。ちょうど私たち人間が死んだ動物を食べるのと同じです（はい、もちろん、ベジタリアンの人は例外ですが）。それに、死肉をあさる野生動物だってたくさんいます。ライオンやオオカミ、クマのように狩りが上手な動物でも、自分のなわばりで動物が死んでいたら喜んで食事にありつくでしょう。空腹だったらなおさらのことです。動物たちにしてみれば、食べ物は食べ物にすぎません。そしてあなたは死んでしまったのです。それならば動物たちにおいしく食べてもらい、生き続けてもらおうではありませんか。ちょっと残酷な血筋になるかもしれませんが、しかたありません。あのチビ助チワワちゃんのスピリットで、がんばってもらうとしましょう！

2

宇宙で宇宙飛行士が死んだらどうなる？

宇宙と死。このふたつが結びつけば、やっかいなことになりますよ。

だだっ広い宇宙のごとく、宇宙飛行士の運命も未知の領域。実は、これまで宇宙で自然死した人は一人もいないのです。亡くなった宇宙飛行士は十八名に上りますが、いずれも自然死ではなく、正真正銘の事故死でした。スペースシャトル《コロンビア号》では、シャトルの構造上の欠陥による破損が原因で乗員七名が死亡。《チャレンジャー号》は打ち上げ時に空中分解して乗員七名が死亡。《ソユーズ11号》では、大気圏再突入時に換気バルブが開いてしまい、三名が死亡（厳密に言えば、宇宙空間で起きた唯一の死亡事故です）。《ソユーズ1号》では、カプセルのパラシュートに欠陥があったせいで再突入時に一名が死亡しています。いずれも大惨事で、地上で発見された遺体の状態はさまざまでした。でも、もし火星への探査飛行中に宇宙飛行士が突然心臓発作に襲われたり、宇宙遊泳中に事故に遭遇したり、フリーズドライのアイスクリームをのどに詰まらせたりしたらどうなるのでしょう？　「えーっと、ヒューストン、応答せよ。あの、例の彼のことだけど、とりあえず収納庫まで引っ張っていけばいいのかな……？」

まずは、宇宙空間で遺体をどうすべきかを話す前に、無重力&ゼロ気圧の状況で死んだらどうなるのかを見ていきましょう。

仮に、一人の宇宙飛行士がいるとします。名前は……そうですね、リサ博士とでもしておきましょうか。そのリサ博士が宇宙ステーションの外でいつもの修理作業をのんびりやっていたとします（と書きましたが、そもそも宇宙飛行士がのんびりすることってあるんですかね？　いつだって明確かつ技術的な目的ありきで行動しているような気がしますが、どうなんでしょう。代わり映えしない宇宙ステーションに異常がないかを確かめるために、たまには散歩がてら周りを遊泳したりするんでしょうか？）。そんなときです。リサの着ていたモコモコの宇宙服に小さな隕石が衝突！　大きな穴が開いてしまいます。

とは言っても、SF映画や小説で描かれるような惨劇は起こりません。頭蓋骨から眼球が飛び出したと思ったら体から血が噴き出て木っ端みじんに吹き飛ぶ、なんていうようなドラマチックな展開にはならないんです。でも、宇宙服が裂けてしまったら、リサはすぐに対処しなくちゃいけません。なぜって、その後九〜十一秒の間にリサは意識を失ってしまうのですから。九〜十一秒って、妙に厳密すぎて怖いですね。ここでは、ざっくり十秒ってことにしておきましょうか。この十秒の間に、リサは船内の与圧環境〔訳注：高高度を飛行する航空機や宇宙船などで、地球上と同じくらいまで気圧を高めた環境）へ戻らなければなりません。ですが、今回のように急激な減圧が起こった場合、リサはおそらくショック状態に陥ってしまうでしょう。可哀そうに、さっきまでのんびり作業をしていたリサの意識はもうありません。その間にも死は刻々と迫ってきています。

リサが死にそうになっているのは、宇宙空間のゼロ気圧という環境によるところが大きいでしょう。人間の体は地球の気圧下で機能することに慣れています。いわば、惑星サイズの〝安心毛布〟にずっと包まれているようなもの。この気圧がなくなってしまったとたん、体の中にあるガスは膨張し始め、体液は気化し始めるのです。筋肉中の水分が水蒸気となって皮膚の下に溜まってくると、体は二倍にまで膨らみ、まるで『チャーリーとチョコレート工場』に出てくるバイオレット・ボーレガードみたいになるのですが、リサの生死に関して言えば、これはさして重要な問題ではありません。また、真空状態では血液中の窒素が気泡化するため、水に深く潜ったときに起こる潜水病のような、耐えがたい痛みに襲われます。が、彼女は十秒ほどで気絶してしまっているので、幸いその苦しみは味わわなくてすみます。こうし

て、リサは気を失ったまま、宇宙空間で膨張し続けながら漂っています。

さて、一分半が経過しました。リサの心拍数と血圧は（血液が沸騰してしまうくらいまで）急降下しています。肺は、内側と外側の気圧差が激しすぎるために破れて出血するでしょう。ここですぐに助けなければ、彼女は窒息し、あっという間に宇宙に浮かぶ死体となってしまいます。ただ忘れないでほしいのですが、これは現時点での予測にすぎません。事故に遭った不幸な人や、さらに不幸な実験動物たちについて、低圧実験室での研究から得られている情報はひじょうに少ないからです。

ここで乗員らがリサを船内へ引き戻しましたが、時すでに遅し。リサよ、安らかに眠り給え。次は彼女の遺体をどうするかという問題が浮上します。

NASAが取り組んでいるような宇宙計画では、こういった必然性について十分検討されているはずですが、その内容が大っぴらに語られることはありません（NASA、どうして死者が出たときのプロトコルを秘密にしているのです?）。では、ここで読者のみなさんにお聞きします。「リサの遺体は地球へ連れ帰るべきか否か」。みなさんの答えに合わせて、どうなるかを説明していきましょう。

「はい、リサの遺体は地球へ連れて帰ります」という場合

死体は低温に保つことで腐敗の進行を抑えることができます。ですから、リサを地球に

連れ戻すのであれば（そして、船内の活動エリアを腐敗した死体から出る体液まみれにしたくなければ）、できるだけ温度の低い場所に安置しておく必要があります。国際宇宙ステーションでは、くずや生ごみをステーション内で最も寒い場所に置いていますが、これは細菌の繁殖を抑え、腐敗を防ぐためです。そうすれば、生ごみは腐りにくくなり、嫌なにおいに悩まされることもありません。ですから、地球への帰路の間は、リサにもここで過ごしてもらうことにしましょう。殉職した宇宙のヒーローをゴミと一緒にしておくのは、あまり大っぴらに宣伝したいことではありませんが、ステーション内のスペースには限りがありますし、ゴミ置き場にはすでに冷却システムが整備されているわけですから、彼女をそこに置いておくのは理に適っていると言えましょう。

「はい、リサの遺体は地球に連れて帰ります。ただ、すぐには帰還できません」という場合

もし火星をめざして長旅を続けている途中でリサが心臓麻痺で死んでしまったらどうなるのでしょうか。二〇〇五年に、NASAはプロメッサというスウェーデンの小さな会社と共同で、あるシステムの試作品を考案しました。宇宙で死亡した人の遺体を処理・保存するシステムです。この試作品は〝ボディバック（Body Back）〟と名づけられました。

シャトルにボディバック・システムが搭載されている場合は、次のような手順になります。まず、リサの遺体はゴアテックス®でできたボディバックの密閉袋へ収容され、シャトルのエアロック〔訳注：宇宙船の出入り口にある場所。室内の圧力差を調節する機能が備わっている〕へ。そこの温度は宇宙空間と同じ（摂氏マイナス二七〇度）になるため、遺体は凍ってしまいます。そして一時間ほどしたら、遺体をロボットアームで船内に取り込み、一五分ほど振動を与えて粉々にしてから、乾燥させます。これで、ボディバック袋でフリーズドライにされて二三キログラムの粉末になったリサのできあがり。こうして理論上は粉末状のリサを何年間も保存しておくことが可能になります。そして地球へ帰還したあかつきには、火葬後の遺骨のように、重たい骨壺に入ったリサを遺族へお返しするのです。

「いいえ、リサは宇宙に残していきます」という場合

そもそもリサを地球へ連れ帰らないといけないなんて、誰が言ったのでしょうか？　自分の遺灰やDNAをほんのわずか、それこそほんの気持ち程度の量なのにロケットで打ち上げ、地球の軌道上や月面、はたまた宇宙の彼方へ送ろうとして、一万二〇〇〇ドル以上のお金を払う人だっているんです。自分の死体が宇宙をずっとさまよっていられるなんて、宇宙オタクが聞いたら大喜びするに決まっています。

それに、船乗りや冒険家たちが亡くなったときには、死者を船から降ろして海へ流して弔ってきたものです。そういった水葬はこれまでもずっと重んじられてきました。船に高度な保冷システムや保存技術を備えられる現在でもなお、この風習は続けられています。

ですから、ロボットアームで死体をフリーズドライにして粉末にできる技術があっても、もっと簡単な選択肢を選ぶこともありうるのではないでしょうか。つまり、リサを遺体袋へ入れて、太陽電池パネルの向こうまで引っ張っていき、そこから宇宙をさすらう旅に出てもらうっていうのはどうでしょう？

宇宙って、広大で果てしないイメージですよね。ですから、リサは宇宙の果てまで永遠に漂流していくと思われるかもしれません（前に私が飛行機で観た宇宙映画では、ジョージ・クルーニーがそんな感じでした）。でも実際には、リサはおそらくシャトルと同じ軌道上をぐるぐると回ることになるでしょう。ある意味、彼女は宇宙ゴミと同じ状態になってしまうわけです。ただし、宇宙でのゴミ廃棄に関する国連の規制に、リサは当てはまらないと思います。だって、私たちの大切なリサをゴミ扱いするような人は、さすがに誰もいないでしょうから！

実は、人類はこれまでもずっとゴミ問題に取り組んできているのですが、いずれも芳しくない成果に終わっています。たとえば、標高八八四八メートルを誇るエベレスト山の登山ルートはごくわずか。そんなに高いところで誰かが亡くなっても（実際、これまでに三〇〇名ほどが亡くなっています）、生き残った者が死者を土葬または火葬するために、遺体を担いで下山するのはあまりにも危険です。こうして、亡くなった人の遺体が登山ルート付近に散らばっている状態になっています。そして今年もまた新しい登山者が、足下にある遺体——モコモコのオレンジ色のスノースーツから白骨化した顔がのぞいている——をまたぎつつ、道を進んでいるのです。これと同じようなことが宇宙でも起こるかもしれません。火星行きのシャトルは毎回、軌道に乗って回り続けている遺体のそばを通り過ぎるのです。「やれやれ、またリサがいるよ」ってな具合に。

あるいは、重力でどこかの惑星に少しずつ引き寄せられていくことも考えられます。そうなれば、リサは大気圏に突入するときにタダで火葬されることになるでしょう。大気を圧縮することで発生した熱によって体の組織は焼き尽くされ、灰になってしまうのです。また、次のようなシナリオも考えられなくはありません。リサの遺体は脱出用カプセルみたいな自動推進式の小型宇宙船に入れられ、宇宙のずーっと遠いところまで旅をして、どこかの太陽系外惑星までたどり着くとしましょう。その惑星は大気に覆われていたとして、リサの遺体が無事に大気を突っ切って着陸し、衝撃で宇宙船の扉がパッカーンと開いたとしたら？　リサの体からもたらされた微生物や細菌胞子が、この新しい惑星での命の源となることも、ありえないことではないでしょう。すごいわ、リサ！　もしかしたら、地球で生命が誕生したきっかけも、リサのような宇宙人だったかもしれませんよ？　地球で最初に生まれた原生生物のウニョウニョたちは、腐敗したリサから生まれたのかも。そうなると、リサ博士にはお礼を言わなければいけませんね。ありがとう、リサ博士！

1

3

お父さんとお母さんが死んだら頭蓋骨をとっておきたいんだけど？

きましたね。例の「頭蓋骨をもらっていい？」っていう質問が。同じことを本当によく聞かれるんですよ。どれくらいよく聞かれるかを知ったら、きっとあなたもびっくりするんじゃないでしょうか（まあ、びっくりしないかもしれませんけど）。

でも、ちょっと待って。そもそも、その頭蓋骨をいったいどうするつもりなんです？　暖炉の上に飾る？　それとも、奇をてらってクリスマスツリーのてっぺんに飾るとか？　どんな計画があるにせよ、本物の頭蓋骨というのはハロウィンのキッチュな飾り物なんかじゃなくて、もとは人体の一部分だったということをよくよく心に留めておいてくださいね。それに、たとえ悪気がなかったとしても、①必要書類の準備、②法の規制、③死体の骸骨化、という三つの問題をクリアしなければ、お父さんの頭蓋骨にジェリービーンズを入れてコーヒーテーブルの上に置くことは実現できないのです。

まずひとつめ。必要な書類について話をしましょう。親の骸骨を自宅に飾っておきたくても、法的に許可を得るのは極めて困難です。理論上は、自分の遺体をどうしてほしいか、生前に決めておくことができます。ですから、あくまで理論上の話ではありますが、あなたのお父さんかお母さんが、死後はあなたに自分の頭蓋骨を遺したい旨をはっきりと記し、署名と日付を入れた書類を作成しておけばいいということになります。自分の死体を科学研究のために献体する場合と同じですね。

ですから、地元の葬儀社へ意気揚々と出かけて行って、「どーもお世話さまでーす。あそこに母親の死体があるんですけどねぇ、ちょっとその首をちょん切ってもらえません？そんで、肉を削ぎ落して頭蓋骨にしてもらえたらメッチャ助かるんですけどぉ。ってことで、どうぞヨロシク！」なんて言っても通用しないのでご注意ください。ふつうの常識的な葬儀社なら（まあ、どこの葬儀社でもそうですけど）、そんなリクエストに応えたりはしません。法的にも無理ですし、実際の作業としても不可能ですから。葬祭ディレクターとして言わせてもらいますが、頭を切り落とすなんてどんな器具を使えばいいのか、まったく見当もつきませんし、肉を削ぎ落す除肉作業にいたっては、私がどうこうできる問題とはとうてい思えません。おそらく煮沸したりカツオブシムシを用いたりするんじゃないかと思いますが、葬祭専門学校のカリキュラムにそんなことは含まれていないのです。

（ここで、本書の編集者からツッコミが入りました。「そんなこと言ってるけど、本当は除肉の方法についてもかなり詳しいんでしょ？」ええ、まあ、確かに。人間に対してやってみたことはないですけど、私はかなりのカツオブシムシ・マニアなので、除肉方法についても多少は知っています。この虫たちがすばらしいのは、骨を傷つけることなく死肉を食べ尽くしてくれるところ。気持ちの悪いベトベトの腐敗肉を隅から隅まできれいに、しかも喜んで平らげてくれるカツオブシムシは、博物館や法医学研究室で重宝される存在です。もし博物館で、万一カツオブシムシの入った容器に頭から突っ込んでしまったとしてもご心配なく。肉食昆虫とはいえ、彼らは死肉以外には興味を示しませんから。）

　お母さんの頭に話を戻しましょう。百歩譲って、もし私が除肉作業をして骨だけにできるとしても、それを「はいどうぞ」とお渡しするのは違法です。これから何度も本書に登場することになると思いますが、アメリカには《死体の悪用》に関する法律があるからです〔訳注：日本では刑法第百九十条「死体損壊罪」により違法となる〕。ただ、《死体の悪用》に関する法律は地域によって異なり、その基準がわかりにくい場合もあります。たとえばケンタッキー州の法律では、「普通の家族の感情を蹂躙するような」方法で死体を扱えば、《死体の悪用》であると見なされます。でも、〝普通の家族〟って何でしょう？　もしかしたら、とある〝普通の家族〟のお父さんは科学者で、常日頃から「私が死んだら、実験用ブンゼンバーナーのコレクションと私の頭蓋骨をお前にあげるよ」と子どもに約束していたかもしれません。要するに、〝普通の家族〟などというものは存在しないのです。

　とはいえ、《死体の悪用》の法律にはそれなりに意味があって、死体が悪い目的〔屍姦とか）で使用されないように守っているのです。ほかにも、死体が死体保管所から盗まれて生前の本人の許可なく研究や公の展示に用いられるのを防いでくれているのですが、考えてみれば、こういったことは歴史的に繰り返しおこなわれていたのですね。かつては、医師たちが解剖や研究のために死体を盗んでいましたし、お墓を掘り起こすことさえありましたから。それに、フリア・パストラーナのような例だってあります。彼女は十九世紀に実在したメキシコの女性ですが、顔や体中に毛が生える多毛症という病気でした。彼女が亡くなると、夫は遺体に防腐処理を施して剝製にし、各国へ巡業に出ました。この最低な夫は、妻が亡くなってもなお、見世物にして金もうけをしようとしたのです。フリアは人間と見なされず、遺体は夫の所有物として扱われたわけです。

ですが、《死体の悪用》の法律ができたおかげで、死体を所有物として扱うことはできなくなりました。死体に関しては、〝見つけたもん勝ち〟のルールは当てはまらないのです。そして、お母さんの頭蓋骨を本棚に飾ることができないのも、この法律があるためです。

「でも、ちょっと待って。頭蓋骨が本棚に飾ってあるのを見たことがあるよ！　あれはどうなってるの？」　アメリカ合衆国には、人の遺骨の所有・売買を禁止する連邦法はありません。ただし、その遺骨がネイティブアメリカンのものでなければ、の話ですが。ネイティブアメリカンの骨の場合は、もう打つ手はありません（また、そうあって然るべきです）。しかし、それ以外の遺骨を売ったり所有したりできるかどうかは各州の法律によって異なります。現在、全米五〇州のうち三八州では法律で人骨の売買が禁止されていますが、その規定は曖昧でわかりにくく、適用範囲もきちんと定まっていないのが現状です。

二〇一二年から二〇一三年にかけての七ヵ月間にeBayのネットオークションでは四五四個の頭蓋骨が出回っており、その平均開始価格は六四八ドル六三セントでした（その後eBayは人骨の取引を禁止しています）。個人販売で扱われている頭蓋骨はうさん臭いものが多く、骨の取引が盛んなインドや中国から入手されたものがほとんどです。そういった骨は火葬や土葬ができなかった人々のもの、つまり倫理的とは言えない、怪しい方法で入手されています。でも、強気の販売元なら、こんなふうに言うでしょう。「これは人の遺骨ではなく、人の骨なんですよ」と。州の多くでは〝遺骨〟の売買が禁止されているけれど、〝骨〟ならまったくの合法であり、法には触れない――そんな風に説明するはずです（注意！　彼らが売っているのはどう考えても〝遺骨〟です）。

ではここで、一度整理してみましょう。あなたはお母さんの遺体を所有することはできませんが、インターネット上の怪しい取引に応じてもよいと思うのなら、どこかのインド人の大腿骨を注文できなくもないでしょう。

しかし、もしまだお父さんの頭蓋骨を諦めきれず、線引きが曖昧な法律のすき間をかいくぐろうとするにしても、大きな問題がひとつ残っています。現在のアメリカ合衆国において、個人の所有目的で遺体を骸骨化することは認められていないのです。骸骨化できるのは、研究標本のために献体された場合がほとんどですが、実はこの場合でさえ、はっきりと法律で許可されているわけではありません（博物館や大学で人骨が展示されていたら、法律関係のお偉いさん方は見てみぬふりをするのでしょうね）。ですから、父親の遺体を骸骨にして、その頭をハロウィンのかぼちゃ代わりに飾ることは、どんなことがあっても認められていないのです。

私は友人のタニア・マーシュに聞いてみました。彼女は法律学の教授で、人骨に関する法律が専門なので、こういった事柄に精通しています。法の網をかいくぐってお父さんの頭から肉を取り除ける可能性が少しでもあるかどうか、彼女なら知っているはず。

ケイトリン　いつも質問されるの。どうにかしたらできるんじゃない？

タニア　一日中議論しても同じことよ。人の頭を骸骨にするというのは、アメリカのどの州でも違法なの。

ケイトリン　でもね、もし遺体が研究目的で献体されてから、再び家族の元へ……。

タニア　無理なものは無理。

アメリカでは、葬儀社が、埋葬許可書や移送許可証といった遺体の扱い方を示す書類を必ず州に提出するよう義務づけられています。選択肢は、土葬、火葬、献体の三項目のみ。シンプルですね。「頭を切断・除肉・骸骨化してから保管。それ以外の部分は火葬」などという選択肢はありませんし、それに近いものさえありません。タニアはある州法に小さく記載されている部分を読み上げてくれました。

…遺体・遺骨を、墓地以外の場所に処分・遺棄することは、軽犯罪にあたる。

要するに、お父さんの頭蓋骨は墓地に埋めなければならず、自宅の庭など墓地以外の場所に頭蓋骨を置けば、罪に問われてしまうのです。

もしわずかな望みがあるとすれば、法律というものは私がこの文章を書いている間にも刻々と変化している、ということです。現在、人間の骨を所有するのは（それがあなたの母親のものであれ、知らない人のものであれ）、大きくて曖昧なグレーゾーンですが、もしかしたら、いつかあなたの期待通りに法律が改められて、親族の遺体の骸骨化に特化した《ママの頭蓋骨社》が、合法的にビジネスを展開できる日がくるかもしれません。

もしそれがあなたの（そしてご両親の！）希望なのであれば、あなたの夢が叶うように、私も陰ながら祈っています。でも、どうしてもダメだったら、火葬後の遺灰を押し固めてダイヤモンドとかレコード盤を作る手もありますよ。え？　レコード盤を知らないって？　あのね、レコード盤っていうのは……まあ、そんなことは、どうでもいいですね。

4 死体が勝手に立ち上がったりしゃべったりすることはある？

シーッ！　そこのあなた、ちょっとこっちへいらっしゃい。これ、言っちゃっていいのかしら……葬儀秘密協会に叱られてしまうかもしれないので、ここだけの話にしてくださる？　ある夜のこと、私は葬儀場で一人っきりで残業していました。遺体処置室には白いシーツにくるまれた、四十代の男性の遺体が安置されていました。私が部屋の明かりを消そうとしたそのとき、地の底から響くようなうめき声が死体から響いてきたと思ったら、その男性がいきなり起き上がったのです。そう、まるで棺桶から身を起こしたドラキュラのように……。

……なんてのはウソ。そんなこと、一度だって起きたことはありません。私の作り話です（でも、夜遅くまで働いていたのは本当ですよ。葬儀社に残業はつきものなので）。この手の話は、遺体安置室とか葬儀場の怖い話〝あるある〟ですよね。話の出どころは、たいていが一九八〇年代に葬儀場で働いていた〝夫のいとこの甥〟あたりで、その彼が死体が起き上がるのを目撃した、というもの。インターネットで検索すれば、「葬儀屋さんが語る、ここだけの怖い話」というようなタイトルで似たような話が出てきます。

でも、本当に死体は動かないのでしょうか。

死体が自分の力で背中をピンと立てて起き上がるなんてことは、まずありえません。ゾンビ映画じゃないんですから。死んでしまった人が叫び声を上げたり、起き上がったり、あげくの果てにあなたの髪の毛を引っ張って地獄へ引きずり込む、なんてことは、起こるはずがないのです（とはいえ、かくいう私も、葬儀社で働き始めた頃は、死体が動き出すんじゃないかと思ってビクビクしていました）。

ですが、実は死体も動くことがあります。「見て！見て！」と注目を集めるほど大きなジェスチャーをするわけではありませんが、ピクピクッとけいれんすることはありますし、うめき声のような音を出すことだって、ないわけではありません。死体がひきつるなんて、それだけで気持ち悪い？　わかりますよ。でも、生物学的な背景を知れば、死体がどうしてそんな動きをするのか、また、どんなふうに動くのか、理解することができるでしょう。

死亡直後で、神経系の活動がまだ止まっていないとき、体はわずかにひきつったりけいれんを起こしたりすることがあります。けいれんが起こるのは、たいてい死後数分の間ですが、死後十二時間後に起こった例もあります。また、亡くなって間もない死体を動かすと、気管から空気が漏れて、薄気味悪いうめき声を立てることがあります。看護師だったら、こういったことは何度か経験済みでしょうから、たとえ死亡診断の下りた死体がけいれんして動いたりうめき声を立てたりしても、「ギャー！　こ、こ、この死体、まだ、生きてるぅー！」とパニックに陥ることは、まずないでしょう。

体内の神経系が死につつあるときでも、別の原因で音は出ることがあります。死後の腸は、無数の細菌が大小の腸を食べあさっている大宴会状態です。そして腸の次は肝臓、心臓、そして脳までが食い荒らされていきます。でも、宴会のごちそうをたらふく食べた後には、それなりに出てくるものがありますよね。細菌はメタンガスやアンモニアガスを排出するので、お腹は膨張し、腹部内の圧力が高まります。そして、その圧力が限界に達すると、体は、悪臭を放つ水分やガスを放出し、溜まっていたものを吐き出すのです。その際、ヒュウーという不気味な音が出ますが、ご安心あれ。この音は亡霊のすすり泣きなどではなく、細菌のおならによるものです。

うなり声をあげる死体は、過去何世紀にもわたり、人々の興味をそそりました。細菌のおならとか神経系の存在がまだ知られておらず、〝死〟というものが科学的にきちんと定義づけされていなかった頃、人々は生き埋めの恐怖におびえていました。ですから、死体がひきつったり、うめき声をあげたりすると、その死体はまだ完全に死んでいないと思われたのでしょう。

十八世紀後半のドイツには、本当に死んだかどうかを確かめるためには死体が腐り始めるまで――膨張したり悪臭を放ったりするくらいまで――置いておくしかないと考える医師たちがいました。そこでできたのが〝待ち死体置き場（Leichenhaus）〟とよばれる遺体安置所です。この暖められた部屋（熱は腐敗を促進しますからね）に死体を安置し、完全に死んでいると誰もが納得できる状態になるまで置いておくのです。そして万一、死体が声を出したり、起き上がったり、トイレに行きたいと言ってきたりなど、とにかく何かあった場合に備えて、部屋には若い男性が一人、見張り番として待機していました。死体には鈴をつけておくことが多かったようです。これでもし動きがあれば、鈴が鳴って見張りが気づくという仕掛けです。ちょっと想像してみてください。若い男性が、強烈な悪臭を放つ死体に囲まれながら、静まり返った部屋に一人でポツンと座っているところを。

ミュンヘンにあった〝待ち死体置き場〟では、有料で死体を

見学することができました。そこでは、死体の手と足の指に巻き付けた糸をハルモニウム（オルガンの一種）につなげたアラームシステム《ほら、死体は生きてるよ！》が導入されていました。死体に何らかの動きがあれば楽器に伝わるしくみになっているので、もし死体が動き回ったりすれば、見張り番は眠っていても気づくことができるというわけです。このシステムはうまく機能しましたが、残念なことに死体の〝動き〟は、腐敗で生じた膨張や破裂にすぎませんでした。夜、見張り番が目を覚ますと、自分と死体しかいない部屋に、調子はずれの気持ち悪いメロディーがただ響き渡っている――そんなことがよくあったそうです。

十九世紀も終わりごろになると、〝待ち死体置き場〟のほとんどは姿を消します。フォン・ストイデルという医師いわく、「何万という死体が待ち死体置き場へ送られたが、一体も生き返ることはなかった」ということです。

結局、死体が動くかどうかという質問に対しては、「はい、死体は自然に動くことがあります」と答えることができるでしょう。ただ、その動きは小さく、科学的に説明がつく現象です！　決して幽霊や悪魔のしわざだとかゾンビになったとかじゃありません。まあ、何はともあれ、自分が〝待ち死体置き場〟の見張り役でなくてよかったと思おうではありませんか。

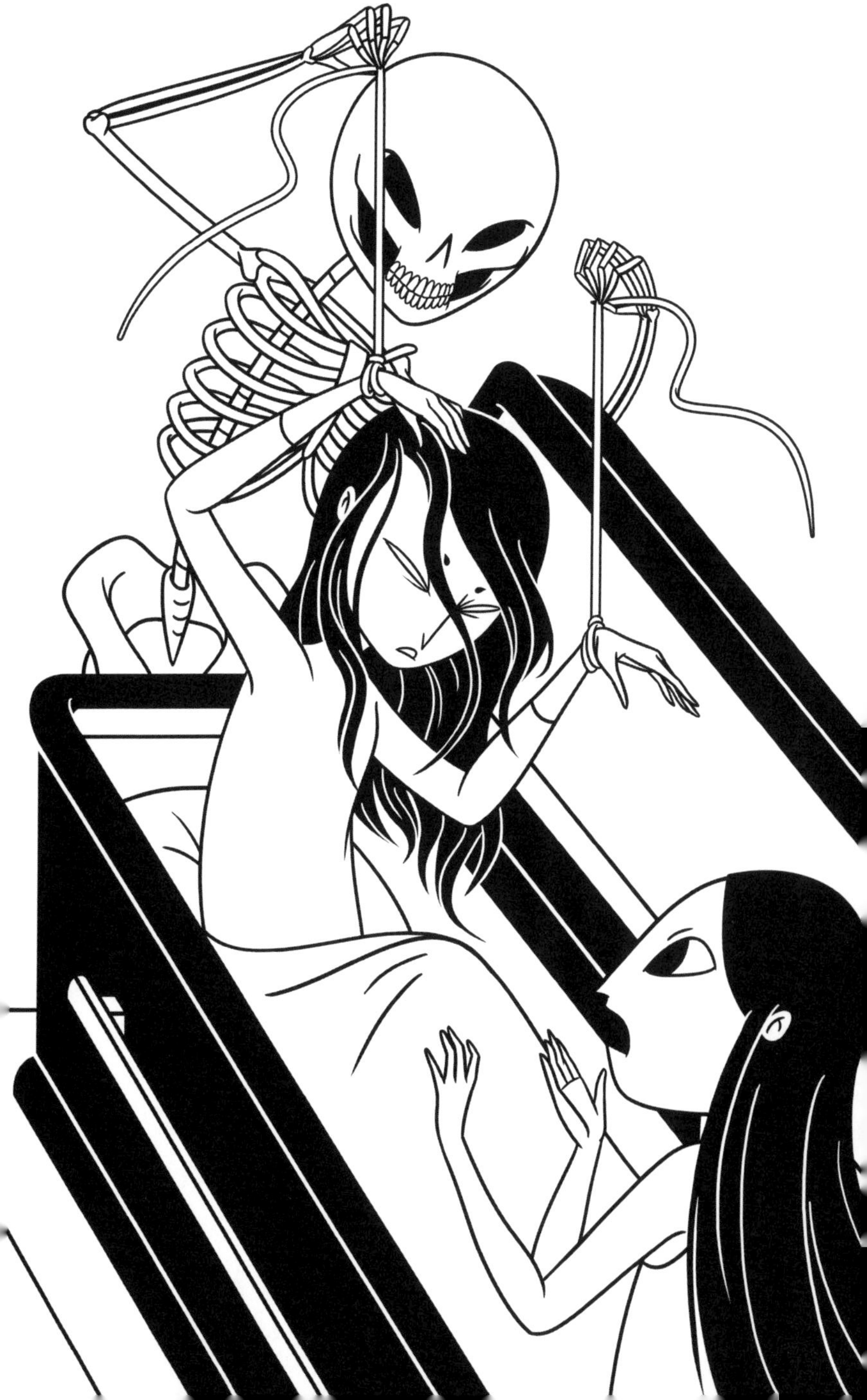

5 裏庭に埋めた犬を掘り起こしたらどうなってる？

それなりの理由があるのでしょうね。カエデの木の下に埋めた、やかまし屋のペキニーズくんを蘇らせたくなったのには……。埋葬後の人間を掘り返すことは禁止されていますが、ペキニーズくんを掘り起こして、どの程度腐敗が進んでいるかを確かめてはいけないという法律はありません（注意！　アメリカでは、人間用の墓地で遺体を違法に発掘すれば、つまり、許可なく遺体を掘り出したりすれば、お墓への冒とく行為として法に触れます。「だって、おばあちゃんがどうなってるか見てみたらって、ケイトリンが言ったんだもん！」なんて、絶対に言わないでくださいね）。

埋めたペットを掘り出す理由として一番多いのが引っ越しです。あの、やかまし屋のワンちゃんを置き去りにするなんて、考えられませんよね。しかも、あの子を知りもしない家族が引っ越してきて、プールを作ろうとしたら？　庭は掘り起こされて、土と一緒にあの子の骨までダンプカーで捨てられてしまうに決まっています！　その家族だって八ヵ月前に埋めたペキニーズくんを目にしたら、吐き気を催してしまうかも。そういう事情なら、ペット向きの葬儀社や霊園に相談してみては。火葬してあなたのもとへ返してくれるところも少なくありません。そうすれば、あの子も骨の形をしたお骨入れに納まって、新しい住処へと旅立つことができますね。

掘り出したときのワンちゃんがどうなっているかは、ひと言では言えません。状況によって違ってきますからね。ただ、オーストラリアでペットの掘り起こしを専門にしている業者によれば、だいたいの目安として「埋葬後十五年が経っていればもう骨になっているが、一～三年程度であれば元の姿をもう少し留めていて、臭いもある」そうです。とはいえ、「死んでからどれくらい経っているか」「体の大きさに合った棺に入っていたか、それともそのまま土に埋められたか」「住んでいたのは、熱帯雨林地域か、砂漠か、緑の多い郊外か」といったさまざまな条件によって、死体の様子は違ってきます。ですから、ワンちゃんの詳しい様子を知りたければ、もっと情報をください！

埋められていた深さによっても結果は違ってきます。カエデの木の下を何メートルも深く掘って埋めたのであれば、腐敗はあまり進んでいないで

しょう。埋める場所が深ければ深いほど、腐敗を促す酸素や微生物から遠ざかってしまうからです。

それから、埋めたところの土はどんなだったでしょうか。ワンちゃんの現在の姿は、〝どんな土だったか〟にかかっていると言っても過言ではありません。「土なんて、どうせみんな一緒でしょ?」と、十把一絡げに考えてはいけませんよ。人生いろいろ、土もいろいろ、なんですから。

たとえば、エジプトならどうでしょうか。ご存じのようにエジプトには砂地が多いですが、砂地は骨の保存にとても適しています。また、エジプトは気温も高いですよね。この〝乾燥〟と〝高温〟がうまく組み合わされば、ペキニーズくんは乾燥し、ミイラになっていることでしょう。焼けつくような砂の中では、皮膚全体がひじょうに速く乾燥するので、虫が湧くこともありません。ちなみに、動物のミイラはみなさんが思っているほど珍しいものではありません。二〇一六年、ガザ地区にある動物園では、戦争とイスラエルによる封鎖により、動物たちが世話をされずに放置されてしまいました。見捨てられた動物たちは、次々と死んでいき、乾燥と熱気によってミイラになりました。廃墟となった動物園の写真を見れば、ライオンやトラ、ハイエナ、サル、ワニなどが不気味なほどにそのまんまの姿で残っているのがわかります。

また、何百年も昔のヨーロッパ各地では、魔女を恐れた人々が、邪悪な力から逃れるためのおまじないとして、壁にネコを塗りこめていました。そして今でも、ヨーロッパのあちこちでは、土建業者や建設業者が壁の中からネコを発見しているそうです。イギリスのある店に、客がミイラのネコを一匹と、これまたミイラのネズミを一匹、箱に入れてもちこんだそうなのですが、どちらも三〇〇年以上前のものだったとか。ウェールズにあるコテージの壁からミイラを取り出した客は、これでひと儲けしようと思ったようです。このように条件さえそろっていれば、あなたのやかまし屋くんも今ごろは立派なミイラになっていることでしょう。

そういえば、一九八〇年代には、アメリカのジョージア州でスタッキーと呼ばれる犬が発見されています。スタッキーはおそらく猟犬で、リスを追っているうちに、中が空洞になった木の中に入り込んでしまったのでしょう。スタッキーがよじ登るにつれ、内側はどんどん細くなっていき、（みなさんのご想像通り）木の中で身動きが取れなくなってしまったようです。何年か後に木こりが発見したとき、スタッキーは牙をむき、目玉はなく、爪はそのまま残っているミイラと化していました。干からびて薄くなった皮膚や毛からは骨が浮き出ていたそうです。ふつうに考えれば、ジョージア州の森ならすぐに腐敗しそうなものですが、死体を食べるはずの生き物たちが近づけなかったことと、樹皮と木のタンニンが体の水分を吸収したために、スタッキーはもとの姿をとどめていたのです。

ただ、スタッキーのような例は珍しいと言えます。裏庭に埋めたワンちゃんもミイラになっているんじゃないかと期待しているかもしれませんが、何も残っていない可能性が高いでしょう。というのも、ガーデニング用の土というのは、シルト、砂、粘土が配合されたローム質土壌で、動物の死体をひじょうによく分解してくれるからです。ペキニーズくんを埋めたのが暑い夏のことで、しかも浅めに埋めたのであれば、土に含まれるローム成分と水分や酸素、微生物がちょうどよい具合にはたらいて、ワンちゃんの柔らかくてベタベタした組織や皮膚や内臓はもちろん、骨まで分解されているかも！

このように、埋めた地域と土の種類によって、ワンちゃん（もしくはハムスターとかフェレットとかカメとか）の死後の運命は決まります。ペットには庭の一部になってほしい？　それなら、地表近くに埋めるか、栄養豊富な土に埋めれば、割とすぐに分解させることができます。反対に、できるだけ生前の姿を留めておいてほしいのなら、ポリ袋やラップでくるんでから密閉した箱に入れ、地中の奥深くに埋めましょう。でもね、やかまし屋のペキニーズくんとずっと一緒にいたいのなら、剥製にするというのもおススメですが、いかがです？

6 ボクの死体も化石の昆虫みたいに琥珀《こはく》に埋め込める？

これはまたすばらしい質問ですね。質問してくれたあなたは、小さいながらも死の革命家ですよ。みなさんもぜひ、未来の死体がどうあるべきか、いろんな可能性を探ってみてください。いつかみんなで集まって意見交換をしようではありませんか。

琥珀（木の樹脂の化石）に死体を閉じ込めるなんて、すっごくすてきなアイデアですよ！　ぴかぴかのオレンジ色の琥珀の中に古代の虫がそのままの姿で残っている写真を見たことがあるのでしょう。それはまるで、古代の虫たちが木のヤニ（樹脂）というタイムマシンに乗って、やってきたかのようです。しかし、虫たちはそもそもどうやって樹脂の中に閉じ込められてしまったのでしょうか。樹脂は木から出てくるものですね。そう、あの、樹皮からにじみ出てくるベタベタは、いったん手についてしまったら、手を七回洗ってもとれないくらい。木はこの樹脂で、自分に害を与える虫や獣から身を守っているんです。想像してみましょう。九九〇〇万年前、一匹の古代アリが木をよじ登っていたところ、樹脂のベタベタにつかまって動けなくなってしまいました。木が仕掛けた罠にかかったのです。そしてアリは昇天。樹脂はどんどん出てきて、この哀れな虫の体を飲み込み、固めてしまいます。固まった樹脂はたいてい風雨や日光や細菌によって分解され、中にいたアリさんともども粉々になってしまうものですが、ごくまれに保存状態のよいものが何百万年の時を越えて化石化し、琥珀になることがあるのです。

では、琥珀に埋め込まれている生き物にはどんなものがあるのでしょうか。一部ではありますが、興味深い例をご紹介いたしましょう。まず、メキシコの農夫が掘り当てた、約二〇〇〇万年前のオスのサソリ。次に、カナダで発見された約七五〇〇万年前の恐竜の羽根。ドミニカ共和国では一七〇〇万年前のアノールトカゲが何匹も発見されました。それから約一億年前の（すでに絶滅している）虫もいます。この虫は三角形の頭をしていて、頭を一八〇度回転することができたそうです。現代の虫たちには不可能な技ですね。そして、極めつけは約一億年前の琥珀。そこには、今まさにハチに襲いかかろうとしているクモが閉じ込められています。

こういった生き物たちはみな、大昔に樹脂に飲み込まれたときの姿のまま今も残っています。そこに気づいたあなたは、こう思ったわけですね。「じゃあ、人間でもできるんじゃないの？」って。理屈では、死んでから体を樹脂に漬け込むことは可能です（生け捕りじゃなくてもいいですよ、残酷なので。死んでしまってからでＯＫです）。ご希望ならば、あのクモとハチの決闘シーンみたいに、パンサーか何かと闘っているポーズをとることだってできます。で、（樹脂に覆われた）あなたの死体とパンサーを、温度と湿度が一定に保たれた部屋に置いておき、必要な熱や圧力を加えてさまざまな化学変化を促します。こうして、しばらく――だいたい数百万年ほど――寝かせておけば、樹脂は琥珀に変化していることでしょう。そうです。最短でも数百万年はかかると思いますが、樹脂が琥珀に変化するのに必要とされる年数については、はっきりとはわかっていません。でもとりあえず琥珀になったとしたら、未来の生命体の科学者があなたを見つけて叫ぶことでしょう。「すげえ！　超イケてる人間が琥珀の中に入ってるぞ！」と。そして、彼らはあなたの死体を机に置いてペーパーウエイトにしたりするのです。

　こうしてあなたは琥珀に埋め込まれた人間になりました。でも、現在の科学では、できないことがあります。化石化した体からクローンを作ることです。こんな話をするのは、「死体を琥珀の中に閉じ込めることができるかどうか」という質問から、ある疑念が浮かんだからです。もしかしたらあなたは、映画『ジュラシック・パーク』に出てくる「Life will find a way.（生命は何らかの道を探し出す）」的な夢をひそかに抱いているんじゃないですか？　ええ、そうです。琥珀中のあなたの体から抽出したＤＮＡでクローンを作っ

て、〝オレ2・0〟を創る、という夢です。

小説から映画化され、シリーズ化するほど大ヒットした『ジュラシック・パーク』。そのアイデアの背景にあったのは、一九八〇年代に数名の研究者が頭に思い描いた〝思考実験〟だったというのはご存じでしょうか。琥珀に入った古代の蚊を見た研究者がこんな想像をしたのです。「この蚊が、死ぬ直前にティラノサウルスの血を吸っていたとしたら、どうなるだろう？　満腹になった蚊がひと休みしようと木に止まったところ、樹脂に飲み込まれてしまうんだ。その蚊がこの琥珀の中に閉じ込められているとしたら？　もし、この蚊からティラノサウルスの血を取り出すことができれば、血液中の遺伝子コードを解明して、ティラノサウルスを蘇らせることができるかもしれないぞ」。確かにワクワクするような話ですね。それに、死んだ有機体を保存するうえで、琥珀はいくつかの点でひじょうに優れてもいます。たとえば、琥珀はものすごく乾燥している材質ですが、（砂漠のように）乾燥した環境というのは、保存に最適なのです。じゃあ、琥珀の中で完璧に保存されているのなら、なぜＤＮＡを取り出せないのでしょう。

現代の科学者たちの見解では、琥珀中の生物からＤＮＡを採取することは不可能だとされています。ＤＮＡの分解スピードが早すぎるからです。酸素濃度、温度、水分量といったものの変化によって、遺伝子コードを構成しているパズルのピースが崩れ、ボロボロになってしまうのです。もしあなたのＤＮＡの一部を取り出せたとしても、欠損している部分は別の人間、あるいは別の動物で埋め合わせなければなりません。似たような例として、ハーバード大学の研究者たちは、毛むくじゃらのマンモスのDNAを取り出して、それをゾウのDNAに〝カット&ペースト〟しようとしています。ただ、このハーバード大学の研究が成功しても、できあがったのはマンモスではなくて、ゾウとマンモスをかけ合わせたものになりますよね。あなたの場合なら、決闘相手のパンサーとかけ合わせられてしまうかも。人間とパンサーが融合した未来のハイブリッドの誕生です！（これはただの妄想ですよ。本気にしないでくださいね。私は科学者でもなんでもない、ただの葬儀屋なんですから）。

とりあえずは、自分が何を望んでいるのかをはっきりさせておきましょう。数百万年が経っても、ずっと今のままの若々しい姿でいたい、それで最終的には装飾品になっても構わない、というのであれば、樹脂に死体を埋め込む案は悪くありません。でも、自分のDNAを保存して、遠い未来にクローンとなって蘇りたいと考えているのなら、別の方法がおすすめです。それは、死体の凍結保存。死後、体を液体窒素で0度よりもっとずーっと低い温度にして急速冷凍させるのです。この技術では、すでにネズミや雄牛のクローンが作られています。

もしかして、あなたの夢は『ジュラシック・パーク』よりも『スター・ウォーズ』のほうが近いでしょうか？　ハン・ソロがガスでカチカチに凍ってしまう〝炭素凍結《カーボン・フリーズ》〟のシーンがありましたよね。科学的には、ありえなさそうな話ですが、自分の細胞を凍結するというアイデアには近づいてきています。ただ、あなたの体を丸ごと凍らせても、将来あなたがそのまま生き返ることができるかどうかを裏づけるエビデンスはありません。では、クローンを作るために細胞を保存するというのは？　これも〝できるかもしれない〟というレベルです。それはそうと、ひじょうに高い興行収入を記録した映画には、なぜか高度な保存技術が出てきますよね。偶然でしょうか？　いいえ、違うでしょう。きっとみんな、死体のスマートな処理技術に興味があるんですよ（『アナと雪の女王』の映画では出てきませんでしたけど、たぶんエルサは、人を凍結保存させる力を隠しもっている気がします）。

というわけで、あなたのクローンを作るのは無理かもしれません。ただし、絶滅してしまった恐竜（それともクアッガとか毛むくじゃらのマンモスとかリョコウバト）とは違って、私たち人類はまだ当分の間は絶滅しなさそうです。地球の人口は約七六億人で、今もなお増え続けていますからね。これまで人類はさまざまな動物たちを絶滅に追いやったり、絶滅の危機にさらしていたりしますが、今後五〇年の間は、そういった動物たちを蘇らせるべきかどうかが議論の焦点になるのではないでしょうか。でもね、今から数百万年後の未来では、人類という種を蘇らせるべきかどうかかが話し合われているかも。そして運がよければ、蘇える人間として、あなたが選ばれるかもしれませんよ！

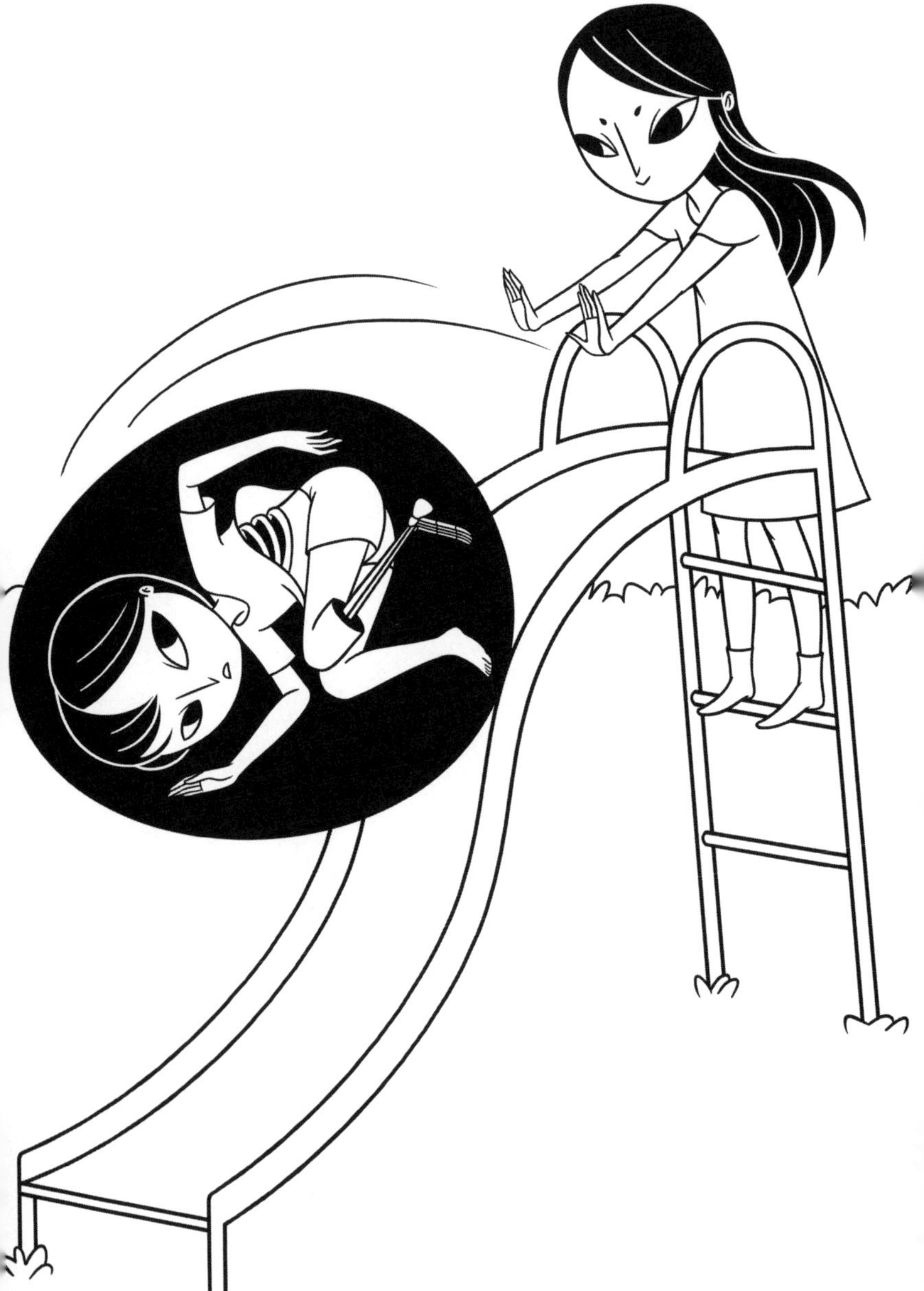

7 死んだら身体の色が変わるのはどうして？

死体は、万華鏡のごとく、色とりどりの表情を見せてくれます。思うに、これも死体の魅力のひとつ。たとえ人が死んだとしても、体内では生命活動がしばらく続いているのです。血液や体内細菌や体液は、宿主である体が死んだ後も、反応し、変化し、適応しています。その変化を表しているのが〝色〟なのです。

死んでから最初に見られる色の変化は、血液によるものです。生きているときには、血液が体中を巡っていますよね。ほら、爪を見てみてください。どんな色をしていますか？ピンク色なら、血液がちゃんと心臓から送られてきているという証拠です。よかった、ちゃんと生きていますよ！　きっとマニキュアもいらないくらいにきれいな色をしているんでしょうね。私の爪は傷んでしまってボロボロですけど……って、まあ、そんなことはどうでもいいので、話を進めましょう。

死後数時間が経つと、死体の血色は悪くなります。特に唇とか爪の色に顕著です。きれいなピンク色をしていたのが、青白くなって蝋人形みたいになってしまうのは、皮膚の表面近くに通っていた血が重力に屈するため。死体と言えば、ゾッとするほど青ざめているイメージが浮かびますが、これは、皮膚の表面近くの血液が失われるという、まさに冴《さ》えない現象なのです。

また、同じ頃には眼球にも色の変化が見られるでしょう。死体は自分で目を閉じることができませんから、誰かに閉じてもらうことになりますが、私の葬儀社では、亡くなったらすぐにご遺族に閉じていただいています。死後わずか三十分ほどで、眼球の虹彩《こうさい》と瞳孔《どうこう》には濁りが生じ、白っぽくなるからです。これは角膜下にある体液が、まるで薄気味悪い沼のようにどんよりとよどんでくるためです。その目の様子がゾンビを彷彿とさせるといけませんので、やはり目は閉じてもらうほうがいいでしょう。そうすれば、死者はただ眠っているように見えますし、「お父さんが濁った虚ろな目で自分の心まで見透かしている」ような、落ち着かない気持ちにならずにすみます。

さて、ひとたび血液が沈殿し始めると、色の変化はよりはっきりと現れてきます。生きているときの血液は、さまざまな成分が混ざり合った状態なのですが、血液の流れが止まってしまうと、比較的重い成分である赤血球がゆっくりと沈んでいきます。水に砂糖を混ぜたときに、混ざり切らなかった砂糖がグラスの底に沈殿するような感じですね。

この赤血球の沈下が、死の最初の兆候である死斑《しはん》となって現れます。死斑とは、死体の下側に血液が溜まる現象で、ふつうは背中側によく見られます（これも重力がはたらいているせいですね！）。溜まった血はたいてい紫がかった色をしています。ちなみに〝死斑〟は *livor mortis* と言いますが、これはラテン語で「死を表す青っぽい色」という意味なんですよ。

ただ、気をつけてくださいね。生きていたときの肌色がわからないと、死後の色の変化について述べることはできません。一般的に、肌の色が明るいほど、色の変化は大きくはっきりします。でも、ご安心ください。死後の体の変色は（腐敗と同じく）誰にでも訪れますから。

なお、検死では、亡くなった場所や死因を突き止めるのに、死斑を参考にするんです。おもしろいと思いませんか？斑点の色や紫色の濃さで鑑定結果が違ってくるんですよ。たとえば、体の前面全体にわたって死斑が出ていたとすれば、死体は数時間うつぶせ状態になっていて、血液が体の前面に溜まったのだと考えられます。

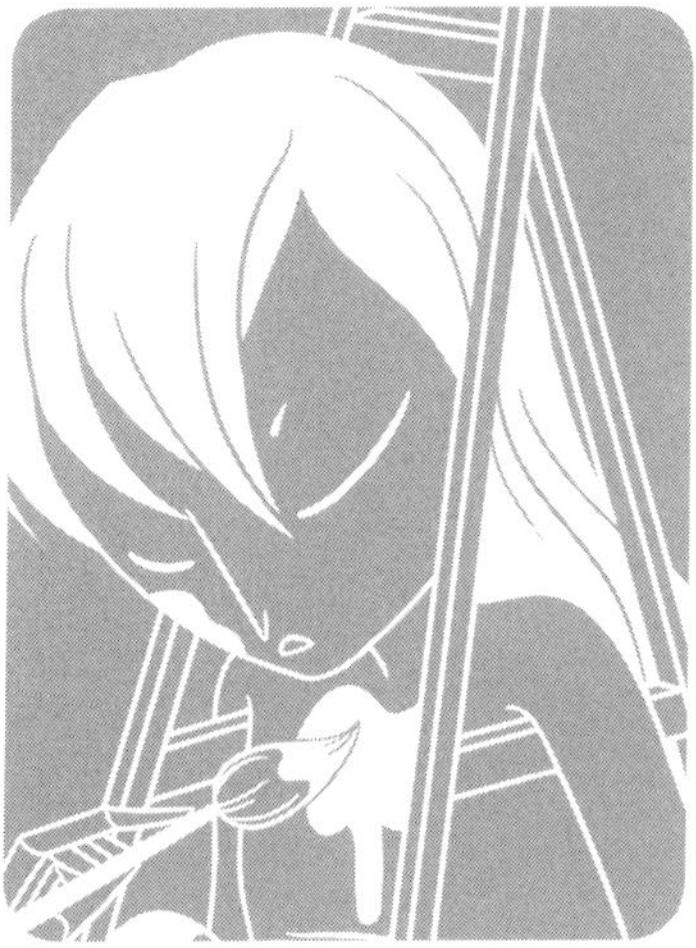

ただし、床など何かに押し付けられている部分に死斑は現れません。体表付近の毛細血管が圧迫されて、血液が流れ込めないからです。ですが、死斑が現れていない部分についても、死体がどのような体勢で横になっていたか、どんなものの上に寝ていたかなどの手がかりになります。

でもね、死斑でわかることはこれだけじゃないんですよ。たとえば、死斑の色が違っていたらどうでしょう？　もし死斑がサクランボのように鮮やかな紅色だったら、死因は凍死か一酸化炭素中毒による中毒死（火事で煙を吸ったとか）の可能性が考えられます。一方で、死斑が濃い紫色だったりピンク色だったりすれば、窒息死や心臓麻痺で亡くなったのかもしれません。また、出血多量で亡くなった場合には死斑そのものが出ないでしょう。

死斑は死後数時間で現れる最初の色の変化ですが、一日半ほど待てば、死斑とはまた違う、これまたすばらしい数々の色が咲き乱れます。

そうです、腐敗の始まりです。ここで登場するのが緑色。実際は緑というよりも、緑っぽい茶色で、ところどころターコイズブルーが混じっているという感じ。これをあえて言い表すなら、〝おぞましい腐敗色〟と言えましょう。この緑と紫とターコイズブルーで織りなされた腐敗色は、細菌のしわざです。そうです。死んだあとも、体の中では楽しいパーティが繰り広げられているんでしたよね。そのパーティの主役は細菌。お腹の中の細菌たちがワイワイガヤガヤ、お祭り気分で、内側からあなたを消化しているのです。

緑色に変色し始めるのは、まず下腹部のあたり。これは、腸内細菌が大腸を突き破って周囲に広がっているしるしです。こうなると内臓細胞は液化して漏れ出し、胃腸は細菌の〝消化活動〟で出たガス（わかりやすく言えば、細菌のおなら）が溜まって膨れてきます。細菌が増殖・進出するにしたがって緑色の部分も広がり、やがて円熟した深緑色や黒っぽい色へと変わっていきます。

とはいえ、腐敗は細菌だけで引き起こされるわけではありません。自己融解とよばれる腐敗プロセスも同時に進んでいます。自己融解とは、酵素によって内側から体内細胞が破壊される現象です。この破壊プロセスが、実は死後数分後からひっそりと進行していたのです。

こうして死体は自己融解、それから腐敗を起こす細菌を従えて、複雑な変化の旅に出ます。ここで新しい色のパターンが現れます。皮膚表面の血管に沿って網目状に変色する、腐敗網《ふはいもう》（樹枝状血管網《じゅしじょうけっかんもう》）とよばれる模様です。映画では、ゾンビウィルスに感染した人なんかがこんなメイクをしていますよね。この腐敗網は、血管が腐敗し、ヘモグロビンが血管外へ浸出していることを示しています。ヘモグロビンが皮膚を染め、赤・暗紫・緑・黒が混ざった絶妙な色合いになるわけです。そしてヘモグロビンはビリベルジン（緑色にさせるもの）、さらにはビリルビン（黄色くさせるもの）へと分解されます。

この極彩色のショーは、皮膚・粘膜の膨張、体液やガスの流出、腐敗疱《ふはいほう》、表皮剥脱《ひょうひはくだつ》といったほかの腐敗現象と同じ時期に見られます。この段階になると変色がひどくなるため、人物を特定したり年齢や生前の肌色を推測したりすることは困難です。

考えてみれば、ゾンビ映画やホラー映画ならともかく、ここまで腐敗の進んだ死体をふだんの生活で見ることなんて、ふつうはありませんよね。なぜでしょうか。実は、二一世紀の現代社会において、死体をここまで腐敗させることは基本的に許されてはいないのです。当然、死体がリアルタイムで腐っていく様子を見たことがある人はほとんどいないので、死んでしまったらすぐに膨張が始まって変色すると思い込んでいる人が結構いるようです。でも実際には、ここまで腐敗が進むには何日もかかります。アメリカのたいていの葬儀社では、エンバーミングという化学防腐処理をして腐敗を防ぐか、または保冷庫に保管して腐敗の進行を遅らせます。そして遺体はすみやかに土葬もしくは火葬されるため、実際に腐敗した遺体を遺族のみなさんが目にすることはありません。ですから、腐敗がどんなふうに進んでいくかなんて、知らなくてあたりまえです。完全な腐乱死体を見ずに人生を終える人のほうが多いんですから！　あの美しい色の万華鏡を見る機会がないなんて、ちょっともったいない気もしますが、それでも「森で何かにつまずいたら、腐乱死体だった！」なんてことになるよりは、今のまま何も知らないのが一番幸せなのかもしれません。

8 大人の体が火葬後にはあんな小さな容れ物に納まるのはなぜ？

たしかに、腑に落ちないでしょうね。 葬儀社の人が手渡したのは、鳩やバラが描かれた、銀色の骨壺。大きさはコーヒー缶ほどしかありません。それを「ほら、おばあちゃんですよ」と言われても……。「あの、うちのおばあちゃんはもっと大きかったんですけど……？　でも、まあ、こういうものなのかな」。ところがですよ、まったく同じ鳩とバラの骨壺を手渡されて、「ほら、ご近所のダグラスさんですよ」と言われたら？　「ええ!?　ダグラスさんは身長一九〇センチ以上はあったし、体重だって一五〇キロはありましたよ？　どうやったって、おばあちゃんと同じサイズの骨壺には納まらないと思うんですけど！　これって、詐欺なんじゃないの？」って、思っちゃうかもしれませんよね。

ですが、これは詐欺ではありません。人は火葬されると（ほとんどの場合）、同じくらいの大きさになるんです。

ところで、人前でスピーチをしなくちゃいけなくて緊張しているときに、「目の前の人はみんな裸だと想像したらいいよ」って言われたことはありませんか？　それとはちょっと違いますが、みんながガイコツになったところを想像してみてください。皮膚や脂肪、内臓類をすべて取っ払ってみたら、その下にある骨は、誰でもだいたい同じようなもの。もちろん、背が高かったり、骨太だったり、片腕しか骨がなかったりと個人差はあるでしょうが、それぞれのガイコツ姿に大きな違いはありません。ですから、あなたが手にしている骨壺の中にあるのがおばあちゃんであってもダグラスさんであっても、すりつぶされた骨という点では同じなのです。

ここで、火葬のプロセスについてお話しましょう。火葬炉の扉を開けると、遺体は自動的に中へ送り込まれます。遺体はたいてい数日から一週間程度、遺体用の保冷庫で安置されている場合が多いのですが、外見は生きていたときとほとんど同じ。衣服も、亡くなって運ばれてきたときのままかもしれません。ですが、いったん炉の扉が閉まり、摂氏八〇〇度を超す炎で焼かれ始めると、遺体はすぐさま変化し始めます。

火葬が始まってからの最初の十分間に炎のターゲットとなるのは体の軟組織。体の〝ぶよぶよしているところ〟と言ってもいいでしょう。ここで筋肉、皮膚、内臓、脂肪などが焼かれ、縮み、蒸発するのに伴い、頭蓋骨や肋骨が現れてきます。そして、頭のてっぺんの骨が「ポン！」とはじけ飛んだかと思うと、黒くなった脳みそが一瞬のうちに焼け尽くされます。人の体の約六〇パーセントは水分ですが、ここで体液を含めたすべてのH_2Oは蒸発し、炉の煙突から出ていきます。そしてだいたい一時間ちょっとで、体の有機物はすべて崩壊し、蒸発します。

こうして火葬後に残るのが……そう、骨です。それも熱々の。この、熱で粉々になるほどもろくなった骨のことを、〝遺骨〟や〝遺灰〟と呼びます。

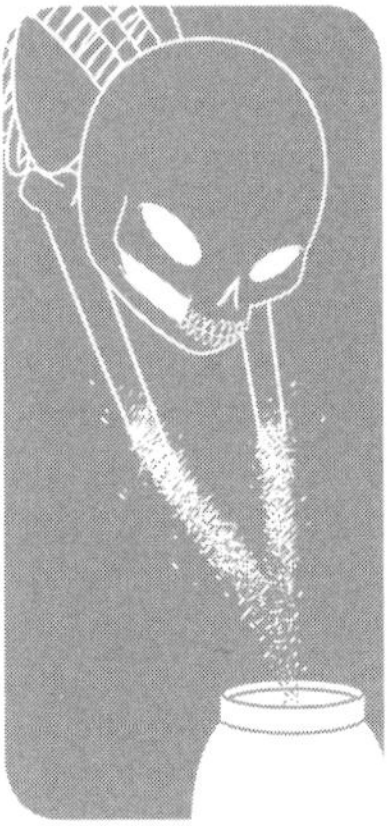

ただし、この骨、生前のものとは違っています。骨の中にあった有機物は炎で焼けてしまったので、遺骨として残っているのは、リン酸カルシウム、炭酸塩、無機塩類などが絶妙な感じで組み合わさったもの、と考えてもらうといいでしょう。また、火葬後の骨は完全な無菌状態なので、雪遊びや砂浴びのように灰の中でゴロゴロ転がったとしても、まったく害はありません。でも別に、灰を浴びろと言ってるわけではありませんよ。単に、そんなことができるくらい安全だという意味です。骨にはＤＮＡも残っていません。ですから遺骨（遺灰）を見ただけでは、それがおばあちゃんなのかダグラスさんなのかを見分けるのは、まず不可能です。こうした理由から、昔は犯罪を隠蔽するには火葬が一番だと考えられていたんですね（近年では、死因に何らかの疑惑があると、徹底的な調査が済むまで火葬できないことになっています）。

遺骨は、冷めると炉から集められます。大きな金属が残っていれば、取り除かれます（おばあちゃんが人工股関節の手術を受けていたかどうかは、火葬をしてみればわかりますよ)。そして、骨は砕いて粉状にします〔訳注：日本では粉砕せずに〝お骨上げ〟をおこなうことが多いが、最近は散骨などの目的で粉状にすることもある〕。こうして火葬技師は、この薄く灰色がかった遺灰を骨壺に入れて家族へ渡し、家族はその遺灰を散骨したり埋葬したりダイヤモンドに加工したり宇宙へ打ち上げたり絵の具に混ぜて絵を描いたりインクにして入れ墨にしたりするわけです。

そんなことを言っても、体重が二〇〇キロぐらいある人だったらどうなるの？　きっと灰だって重くなるはずじゃない？——いいえ。体重のほとんどは脂肪の重さです。前にも言いましたけれど、骨になれば、みんなほとんど同じようなものなんですよ。脂肪は有機物に分類されますから、火葬中に燃え上がってしまうんですね。確かに、重たい人の火葬時間は長くかかりがちで、通常より二時間以上長びくこともあります。脂肪が燃え尽きるのに時間がかかるわけですね。ですが、焼却後には、二〇〇キロの人と五〇キロの人の区別はつきません。火のおかげでほぼ同じ姿になったわけです。

むしろ、鳩とバラの骨壺に入る灰の量は、体重よりも身長によって変わってきます。女性は比較的身長が低めで骨も少なめであるため、標準的な灰の量はだいたい一・八キロ程度ですが、男性は身長が高めなので、二・七キロほどになります。私は女性ですが、身長が一八〇センチ以上あるので、火葬後の灰はそこそこ重たいんじゃないかと期待していますす（本当は、野生動物に生きたまま食べられて死ぬのが理想なんですけど、その話はまた別の機会にいたしましょう）。ちなみに、数年前に亡くなった私のおじは、身長が一九五センチあり、それまでに私がもったなかで一番重かったのが、彼の遺灰でした。

結局、外見なんて気にする必要はありません。大切なのは中身（つまり、骨）の重さです。おばあちゃんもダグラスさんも、同じように小さな骨壺に納まったのは、皮膚とか細胞組織とか内臓とか脂肪とかの有機物が気化して、もろい骨だけになったからです。

骨になったおばあちゃんとダグラスさん。その二人の遺灰はまったく同じように見えて、ＤＮＡも残っていないとすれば、二人の違いって、いったい何なのでしょうか。おばあちゃんの遺灰には〝おばあちゃんらしい〟ものは何も残っていないような気もしますね。でも、実はあるのです！　見た目にはわからなくても、ダグラスさんとは違っている点が。仮に、おばあちゃんはベジタリアンでマルチビタミンを飲んでいたとします。一方のダグラスさんは、長い間工場のそばに住んでいたとしましょう。こういった違いが、灰に含まれる微量元素に表れるのです。

おばあちゃんの遺灰はダグラスさんの遺灰と何から何まで同じように見えるかもしれませんが、おばあちゃんはやっぱりおばあちゃんです。ですから、葬儀社から渡されたのが鳩とバラのついた骨壺だったとしても、あなたはきっと特注のハーレーダビッドソン製骨壺へと移し替えることでしょう。だって、そっちのほうが、おばあちゃんにはふさわしいでしょうから。

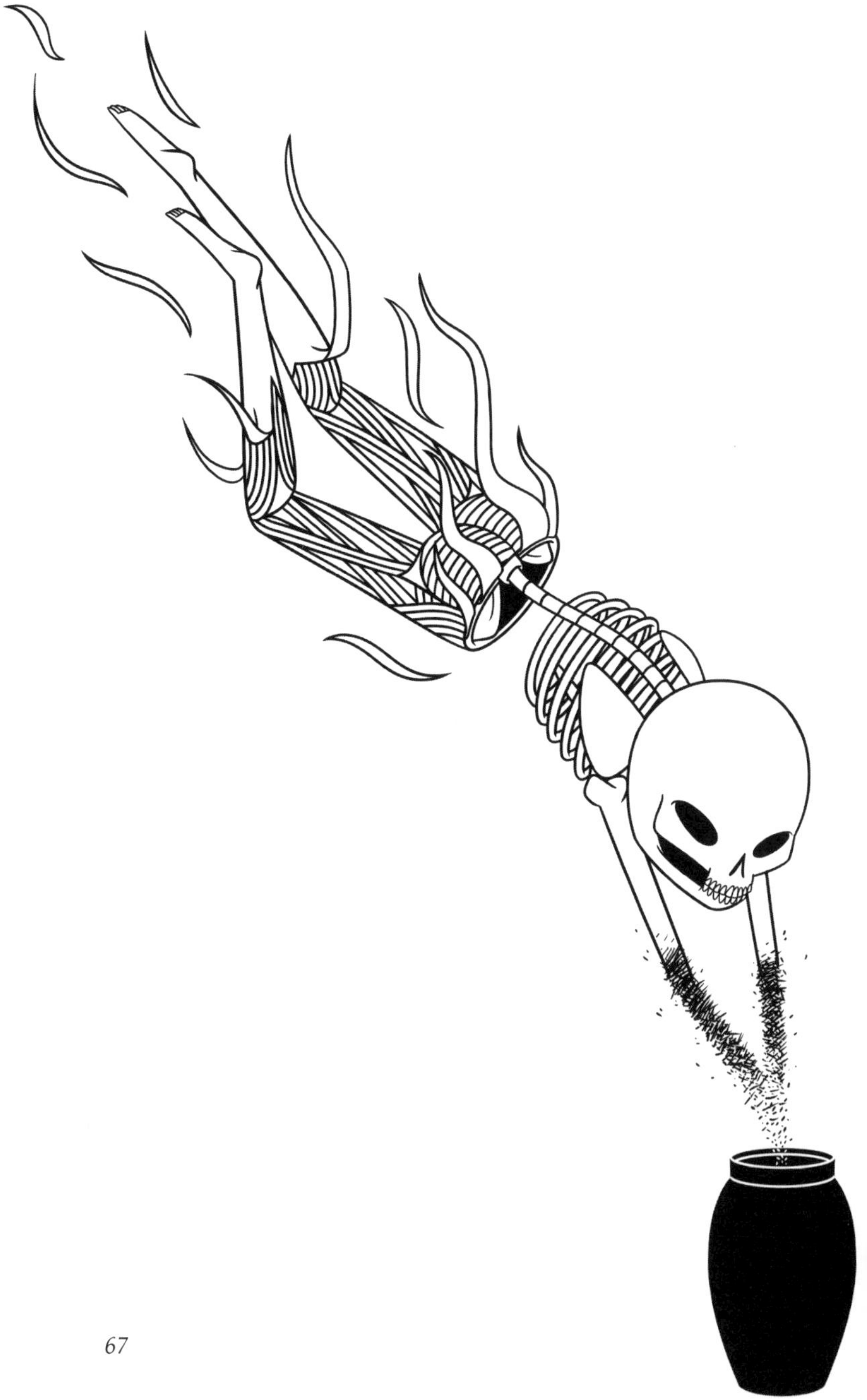

9

死んだらウンチが漏れるって本当？

そうね、死んだらウンチが漏れちゃうかも。何だかワクワクするでしょ？　私は毎日ウンチを出してスッキリしているので、死んだ後もスッキリできるのならよかったなって思ってます。私の死後の粗相を始末してくれる看護師さんや葬儀の担当者さんにはご迷惑をおかけしますが、どうぞよろしくお願いします。

そもそも、生きているときの排便システムってどうなっているんでしょうか。ウンチは体の中の曲がりくねった道を進んで、最終的に外に押し出されます。その道の最後の通過地点が直腸です。ウンチが直腸へたどり着くと、脳には「ほらほら、トイレの時間ですよ」という信号が送られます。でもウンチを出してもオッケーな状態になるまでは、肛門のすぐそばにある外《がい》肛門《こうもん》括約筋《かつやくきん》という円形の筋肉が出口をふさいで、ウンチが勝手に出てこないようにしているのです（ただし、激辛タコスを食べたときは、そうとも言い切れませんが）。

外肛門括約筋は随意筋です。わかりやすく言えば、脳が命令を出してお尻の穴を締めているということ。そしてトイレに無事たどり着いたら、脳が「もう出てきてもいいですよ」と括約筋を緩ませます。なんともすばらしいシステムですね。わたしたちがウサギのようにウンチをポロポロ落として回らずに生活できているのは、脳がこうやってコントロールしてくれているおかげなのです。

ところが、死んでしまうと、脳はもはや筋肉に信号を送ることができません。死後硬直を起こした筋肉は、ぎゅっと収縮して硬くなっていますが、数日後には緩んできます。体が腐敗への道を進み始めたのです。そうなると、あらゆる筋肉はリラックスして緩んできます。当然、ウンチが（それにオシッコも）出ないように止めていた筋肉もね。ですから、亡くなったときにウンチやオシッコが溜まっていれば、ここで彼らは自由の身となって出てくるわけです。

とはいえ、死者が全員失禁するわけではありません。高齢だったり病気だったりで、亡くなる前の数日から数週間の間、ほとんど食べ物を口にしていなければ、死後、漏れ出てくるほどの便や尿は残っていないでしょう。

私は葬儀屋ですので、葬儀社へ運ぶために遺体を引き取りに行くことがありますが、そんなときによく、ウンチというサプライズゲストが登場します。ストレッチャーに乗せようとして、遺体をもち上げたり、ひっくり返したりするときに、圧力がかかって便が出てくることがあるのです。

でもね、死体さん、恥ずかしがることはありませんよ！　葬儀屋にとったら、こんな後始末なんて朝飯前。赤ちゃんの親ならおむつ替えには慣れていますよね？　それと同じですよ。私たちはプロなんですから、どうぞ安心してお任せください。

それに、ことウンチに関して言えば、解剖医のほうが断然経験豊富です（解剖医の平均年俸が私たち葬儀屋より約五万ドルも多いのは、このためかもしれません）。仮に、誰かが不審な死を遂げた場合、胃の中身や便はひじょうに重要な手がかりになります。解剖医は、場合によっては便まで入念に調べ、死因に結びつきそうな異常がないかどうかを調査します。ちなみに、映画『ジュラシック・パーク』ではローラ・ダーンが調査のために恐竜のウンチに手を突っ込んでいましたが、私には、遺体からちょびっと漏れたウンチをさっと拭くぐらいのほうが性に合っています。

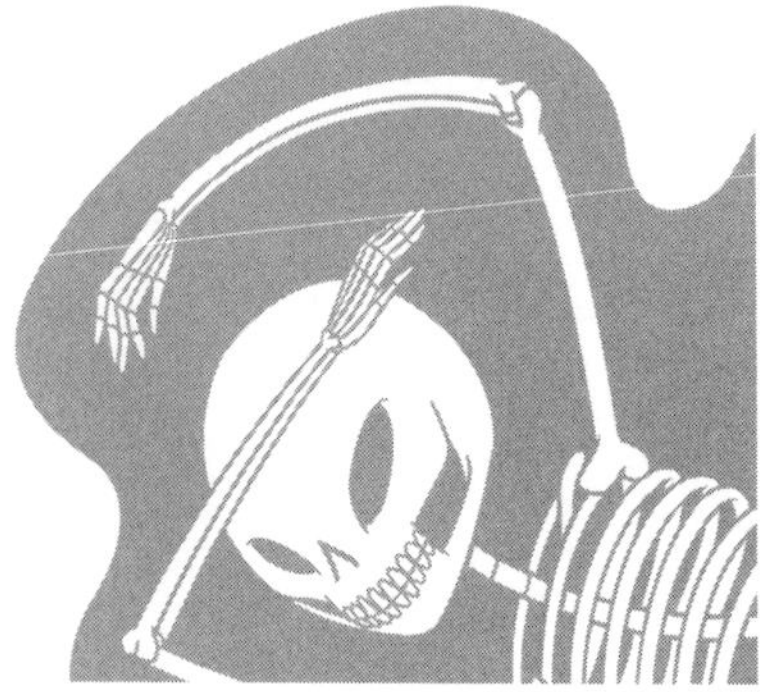

葬儀関係者が常に心配しているのは、家族の目の前で遺体が排便したり、ガスや体液が出てきたりすることです。おじいちゃんとの〝最後の写真〟を撮ろうとしたら、どこから

かウンチの香りが漂ってくる……そんな演出をいったい誰が喜びます？　このような悲劇を防ぐために、現場ではさまざまな手を打っています。たとえば、初級者編は「おむつを使う」という手。これだと、体内に何かを挿入する必要がないため、個人的にはおススメの方法です。「挿入する？」と疑問に思った方は、すぐにその意味がわかりますよ。お次は中級者編。「A／Vプラグを挿入する」です（A／Vといっても、オーディオ《A》・ビデオ《V》用の接続端子のことではありませんのであしからず。それよりももっと、その、なんというか、生々しいものです。詳しい説明は省きますので、気になる方は各自で調べてみてください）。このプラグは、透明なプラスチック製で、部分的に見れば、コルク抜きにも、シンクやバスタブの栓にも見えます。最後の上級者編は、「肛門に綿を詰め、穴を縫い合わせる」ですが、個人的にはちょっとやり過ぎな気がします。遺体のウンチについては、あまり干渉せず、そっとしておいてあげてはどうでしょう。さて、もっとウンチに関していろんな人と意見交換をしたいところなのですが、もう質問がなさそうなので、ここで終わることにします。残念。

10

"ビデンデンの乙女"みたいな結合双生児は死ぬときも一緒なの？

"ビデンデンの乙女"は、本当に存在したのかどうかわかっていません。ただ、彼女たちの記録はたくさん残っています。メアリーとエリザの二人は、（言い伝えによると）イギリス、ビデンデンのチャルクハースト家に生まれました。姉妹は腰と肩の部分がつながった結合双生児で、ケンカばかりしていたと伝えられています。記録によれば、ひどいときには口喧嘩だけにとどまらず、殴り合いのケンカにまで発展していたそうです。こういっては何ですが、なんだかちょっと楽しそうじゃありませんか。ところが、二人が三十四歳のときに姉のメアリーが病に倒れ、亡くなってしまいます。家族はエリザに言いました。「お前を何とかして切り離さなくてはいけない。そうしなければ、お前まで死んでしまうよ」と。しかし、エリザはきっぱりと拒否したのです。「これまで私たちは一緒に生きてきたんですもの。死ぬときも一緒に逝《い》くわ」。そうして姉の死から六時間後、エリザもまた亡くなったということです。

今でもビデンデンの復活祭では、この乙女たちを称えて、貧しい人々に二人の絵がついた堅焼きのビスケットが配られます。ですが、これほどしっかりと記録が残っているにもかかわらず、ビデンデンの乙女たちはただのお伽話か伝説にすぎないんじゃないかと言われています。でも、もしメアリーとエリザが、本当に腰と肩の両方がつながっていたのなら、世界で唯一の、体の二ヵ所以上がつながった結合双生児ということになります。

どういったわけか、人々は結合双生児の謎に満ちた人生に興味を（適切とは言えない場合も含めて）抱きがちですが、実際に結合双生児と接する機会はめったにありません。医学博物館やケーブルテレビの番組で彼らの姿を目にしたことはあるかもしれませんが、結合双生児は二〇万件に一組の割合でしか生まれませんから、ふつうに生活していて出会うことは、ほぼほぼないでしょう。ひじょうに珍しいので、双子が結合する原因も科学的にはまだ解明されていないのです。現在もっとも有力な説では、結合双生児はもともと一卵性双生児であると言われています。一卵性双生児は、ひとつの受精卵がふたつに分裂して双子になるわけですが、この受精卵が完全に分裂し切らなかった場合や、分裂に時間がかかりすぎた場合に、結合双生児になるのではないかと考えられています。一方、これとは反対に、ふたつの別々の受精卵が融合した結果、結合双生児になるという説もあります。

どのようにして双子が結合するのかはわかっていませんが、そうなった場合、二人の行く末は……あまり明るいとは言えません。結合双生児の約六〇パーセントは、誕生前に子宮内で死んでしまいますし、たとえ生きて生まれてきたとしても、最初の一日を生き残れるのはそのうちの三五パーセントだけと言われているからです。

もしあなたが数少ない結合双生児の一人で、死なずに何とかこの世に生まれてきたとしても、相手とどこで結合しているかによって寿命の長さは左右されます。たとえば、胸部や腹部で結合していて（結合双生児の多くがこのタイプです）、腸や肝臓を共有しているのであれば、頭で結合している場合に比べて、長生きできる可能性は高くなります（そして、分離手術の成功率も高いでしょう）。

この二一世紀に生まれた結合双生児たちの大半は、一歳になる前のできるだけ早い段階で分離手術を受けています。とはいえ、どれだけ優秀な外科医が執刀し、どれだけ設備の整った病院でケアされていたとしても、双子のうちの一人が病気になったりして亡くなれば、残った一人も同じように死んでしまうことがあります。

エイミー・レイクバーグとアンジェラ・レイクバーグの二人は、一九九三年にアメリカで生まれた結合双生児です。二人は、ひとつの（奇形の）心臓と、融合してひとつになった肝臓を共有していました。医師らは、結合したままでは二人とも長くは生きられないと判断し、エイミーを犠牲にしてでもアンジェラを生かすべきだとしました。エイミーは分離手術中に死亡したものの、アンジェラは（そのときは）生き残りました。しかし、十ヵ月後、血液が心臓に逆流したことが原因で、アンジェラも亡くなってしまったのです。なお、この手術と医療には一〇〇〇万ドル以上の費用がかかったそうです。

二〇〇〇年に地中海のマルタ共和国であったケースは、これよりはハッピーな結末でした（もちろん、赤ちゃんが亡くなってしまうハッピー・エンディングなんて、あるわけないのですが）。グレイシー・アタードとロージー・アタードの二人は、脊椎と膀胱、そして循環器系のほとんどを共有していました。結合双生児の場合、たとえそれぞれに心臓や肺といった臓器がひとつずつあったとしても、お互いの臓器は助け合って機能しています。言い換えると、一人の臓器がうまく機能しなければ、もう一人の臓器がそのはたらきを補うわけです。二人の場合も同じでした。ロージーの心臓が弱かったので、グレイシーの心臓がロージーの分まで血液を送り出していたのです。しかし、グレイシーの心臓にかかる負担が大きすぎたため、ほかの大切な臓器の機能が低下する恐れがありました。そして、もしグレイシーの臓器が機能不全に陥れば、二人ともが命を失ってしまいます。

医師たちは、グレイシーならば一人で生き残れる力があるだろうと考え、ロージーが死んでしまうとしても分離手術をおこなうべきだと主張しました。一方、アタード夫妻は敬虔なクリスチャンだったので、娘のロージーを〝犠牲〟にすることを受け入れられません。そこで、分離手術はおこなわずに双子の運命を〝神の手〟に委ねようと考えました。医師たちとアタード夫妻の主張は相いれず、この問題は裁判へともち込まれましたが、第一審および控訴審では両親側に不利な判決となり、分離手術がおこなわれることになりました。手術は二〇時間に及び、ロージーはその間に亡くなりました。大動脈を切ったとき、二人の外科医はどちらもメスを握っていたので、ロージーの死の責任をどちらか一人だけが負うことにはなりませんでした。二〇一八年現在、グレイシーは元気な十八歳となっており、手術を執刀した外科医の一人とはまだ連絡を取り合っているそうです。

分離手術は赤ちゃんの時期におこなうほうが成功しやすいようです。結合双生児として生まれた片方が、手術後に無事成長して、ふつうに生活を営むことも可能になっています（近年では二人ともが無事に大きくなるケースも増えてきています）。一方、ある程度成長してからの分離手術には、身体的な問題だけでなく、精神的にも強い葛藤が伴います。結合双生児たちの絆はとても強く、一般的な双子では理解できないほどだと言われます。大人の結合双生児は、双子の相手と共に人生を過ごしたがることが多いそうです。二〇世紀初頭に生まれたマーガレット・ギブとメアリー・ギブの姉妹は、生まれてから何度も分離手術を勧められてきましたが、ずっと拒否していました。相手から離れたくないという気持ちは年を経るほどに強くなり、マーガレットに末期の膀胱がんが見つかって、二人の肺まで転移していることがわかってからは、なおさら

その思いが強まったようです。二人は分離手術を最後まで拒み、一九六七年に、ほんの数分差で亡くなりました。そして、姉妹の遺志どおり、二人は特注の棺桶で一緒に埋葬されたのです。

結合双生児として最も有名なのは、チャン・バンカーとエン・バンカーの兄弟ではないでしょうか。〝シャム双生児〟という名称は、二人がシャム（現タイ）で生まれたことに由来しています。晩年、チャンは脳卒中や気管支炎を患うなど、健康状態が悪化していました。長年のアルコール依存症で療養中でもありました。ところがエンのほうはと言えば、お酒は一滴も飲まなかったのです。本人が言うには、チャンが飲んでも自分は酔っぱらわず、アルコールの影響も受けなかったそうです。

こうして二人は六十二歳になりました。ところがある朝、エンの息子が眠っている二人を起こそうとしたところ、チャンが亡くなっているのに気づきます。チャンの死を知ったエンは、「ならば、私が死ぬのも時間の問題だ！」と告げ、そのわずか二時間後にチャンの後を追って亡くなりました。チャンの死因は血栓だったようですが、チャンが亡くなった後も、エンの体からはまだ血液が送り込まれていました。しかし死亡したチャンの体から血液が戻ってこなかったため、エンも亡くなってしまったのだと考えられています。

もし二人が生まれたのが二〇世紀だったら、分離手術はきっと成功していたでしょう。現在では、こういった手術をおこなうことで有名な病院もあります。とはいえ、最先端の医療技術をもってしても、手術が必ずしも成功するとは限りません。ラダン・ビジャニとラレ・ビジャニのイラン人姉妹は、頭部が結合している双子で、二〇〇三年当時は二九歳の弁護士でした。しかし、二人は分離手術の最中に命を落としてしまいます。手術を担当した外科チームは、ＶＲ（バーチャル・リアリティー）やＣＴスキャン、ＭＲＩといった最新技術を駆使していたにもかかわらず、二人の頭蓋底にあった血管を見逃してしまったのです。その結果、血管が切られて大量に失血し、二人は亡くなってしまいました。

以上から、本章の質問に対する答えは、「はい、多少の差はあれど、結合双生児はほとんど同じときに亡くなります」という、悲観的なものになってしまいました。厳しい答えですが、優しい言葉でごまかすことは、したくありません。医療分野では新しい画像技術がどんどん開発されており、今後は結合双生児の体や心の奥で何が起こっているのか、より理解が深まっていくことでしょう。それでも、結合双生児はいろんな意味で（肉体的にも精神的にも）強く結びついているので、最新技術をもってしても、すべてを把握することは難しいかもしれません。しかし、結合双生児たちは、現実に存在する人々です。それぞれに個性をもち、それぞれの人生を生きていることは間違いありません。ただし、ビデンデンの乙女たちが実在していたかどうかに関しては、いまだに定かではありませんが。

11 変顔で死んだら変顔のまま永遠に固まっちゃう？

こんな光景に出くわしたことはありませんか？　子どもが家の中を走り回っています。白目をむいて舌をべェーっと突き出し、鼻をブタのように指で押し上げて。とうとう、しびれを切らした母親が子どもに怒鳴ります。「また、そんな顔して！　顔が元に戻らなくなっても知らないわよ！」。いい脅し文句ですね、お母さん。ただ、ウソになりますけど。どれだけ変な顔をしていても、必ずすぐ元の顔に戻るので（しかも医学的には、そんなふうにしわを寄せたり指でつまんだりすると顔の血行がよくなるそうですよ）。それじゃあ、変顔をしたまま死んでしまったらどうなるんでしょう？　たとえば、お母さんをからかおうとして変顔をしていたときに心臓麻痺で倒れてしまったら？　あなたは永遠にその顔のままなのでしょうか？

いいえ、ふつうは、ありえません。なぜだか知りたい？　では、説明しましょう。

人が死ぬと、体中の筋肉は緩んできます。それも、かなりユルユルに（覚えていますか？　このユルユルになったときに、ウンチを漏らす恐れがあるんでしたよね）。死後二〜三時間に、筋肉は一時的に弛緩するのです。「心配しないで、弛緩《リラックス》していいのよ。あなたは死んだのだから」という感じ。もしあなたが亡くなったときに変顔をしていても、ほかの筋肉と一緒に顔の筋肉も緩みます。口はぽかんと半開きになり、まぶたも開きます。関節もみなグニャグニャ。ここで変顔ともお別れです。

もしご自宅や介護施設で亡くなったのであれば、弛緩している間に、ご遺族の手でご遺体の口やまぶたをできるだけ早く閉じていただいたほうがいいでしょう。そうすれば、あの恐怖の死後硬直が始まる前に、穏やかな表情に落ち着かせることができます。

〝死後硬直《リガー・モーティス》〟は、私が昔飼っていたニシキヘビの名前でもありますが、本来はラテン語（*rigor mortis*）で、死後三時間頃に始まる筋肉の硬直を意味しています（気温がひじょうに高い環境や熱帯地方なら、もっと早くに出現します）。実は、私は死後硬直について何年も勉強しているのですが、いまだにその科学的なしくみを完全に理解できている自信はありません。体の筋肉が緩むためには、ＡＴＰ（アデノシン三リン酸）と呼ばれる物質が必要です。そしてＡＴＰの生成には酸素が不可欠。ところが、死後は呼吸が止まって酸素の供給が途絶えるため、ＡＴＰが不足します。その結果、筋肉が緩まず硬化するというわけです。この一連の化学変化をまとめて〝死後硬直〟と呼びます。死後硬直はまぶたや顎のあたりから始まり、体中の筋肉、そして臓器にまで及びます。そして、死後硬直を起こした筋肉というのは、とてつもなく硬くなります。死後硬直が始まると、死体はそのまま固まってしまい動かすことができなくなるので、必要であれば繰り返し筋肉をマッサージしたり、関節を曲げたりして、体をほぐすことが必要になります。ほぐしているときには、ポキポキ、ゴリッ、というように、いろんな音がしてややうるさいのですが、これらは骨が折れているのではなく、あくまで筋肉が立てている音です。

　死斑と同じく、死後硬直も死因を特定するうえで有力な手がかりになります。あるときインドで、二十五歳の女性が仰向けの状態で死体となって発見されたことがありました。その姿を最初に目にした警察官は、まだ彼女が生きていて、ヨガかストレッチをしていると思ったかもしれません。というのも、彼女は両脚と片手を上に上げたまま死んでいたからです。解剖室へ運び込まれたときも、この格好のままでした。そして検視の結果、ある仮説が浮かんできたのです。犯人は彼女を殺してから、別の場所へと運んだのではないか。移動させる際（死体がまだ弛緩状態のときに）、この変なポーズで車のトランク、あるいはカバンの中に入れたのだが、移動の途中でおそらく死体が死後硬直を起こした。そして、死体を遺棄したときには、身を屈めた体勢のままになっていたのではないか――。

この死後硬直を利用すれば、死後の変顔を作れるかもしれません。体が弛緩している間に変な顔にしてくれるように、前もって友だちとか親戚に頼んでおくのです。そうすれば、死後硬直の間は、その表情のままでいられるでしょう。ただ、そんないたずらをしても、お母さんは喜ばないと思いますが。お母さんが可哀想ですよ。あなたは死んでからもお母さんをからかいたいんですか！

それに残念ながら、死後硬直はいずれ消えます。死体の状態や環境によって違ってきますが、だいたい七二時間が経過するころには、筋肉が緩み始め、あなたのひょっとこ口も元に戻ります。

さて、少し前に私が「ふつうは、ありえません。」といったのを覚えていますか。実は、稀だけれども興味深い、こんな例外があるんですよ。

法医学で強硬性死体硬直、あるいは電撃性死体硬直や即時性死体硬直とも呼ばれている、珍しい現象があるのです。これは、即時性とあるとおり、弛緩の状態を飛ばして、すぐに死後硬直が起こる現象です。ということは、死後も変顔を残したいなら、この現象を利用できるかも？

いえいえ、そう慌てないでください。強硬性死体硬直というのは、たいていが腕や手といった、ひとつの筋肉群にだけ起こる現象です。ですから、腕だけならば変なポーズをとれるかもしれません。腕を使ったポーズとしては、「ゾンビポーズ」「ＹＭＣＡポーズ」「昔のエジプト人風ポーズ」などが候補として考えられます。とはいっても、腕だけだと、〝舌出し＆ギョロ目顔〟とか〝寄り目＆ブタ鼻顔〟ほどのインパクトはないかもしれませんが。

また、強硬性死体硬直は、ストレスをたくさん受けて亡くなった場合によく見られる現象です。たとえば、何らかの発作や、溺死、窒息死、感電死、頭部に銃弾を受けたなど……。それから戦争で銃撃された兵士や、短時間に激痛を味わった人なんかにもよく起こるそうですが、正直言って、どれもあまりすてきな死に方とは思えません。だから、友人であるあなたに、こんな死に方はおすすめしたくありません。

以上のとおり、がんばっていろいろ考えてみたのですが、変顔を死後永遠に留めておく方法は思いつけませんでした。やはり科学的には無理なようです。それに何よりも、これ以上あなたのお母さんを悲しませることはやめてほしいものです。

12 おばあちゃんを海賊バイキング式の水葬にしてもらえる？

バイキング式がいいと、おばあちゃんがおっしゃったんでしょうか。 もしそうなら、かなりイケてるおばあちゃんだったんですね。生きているうちにぜひともお会いしたかったものです。

実はとても残念なお知らせがあります。おばあちゃんが亡くなったことはもちろんですが、〝バイキング式の水葬〟なんていうものは実在しないのです。少なくとも、ハリウッド・バージョンの水葬は真っ赤な偽物。きっとあなたの想像では、おばあちゃんは戦いで命を落とした戦士といったところなんでしょうね。そのおばあちゃんの遺体は布にくるまれ、木でできた小舟の上に静かに寝かされています。おばさま方が小舟を押して波に乗せると、あなたのお母さんが弓を引きます。火のついた矢は天空に弧を描いたのち、おばあちゃんのもとへ落ちる。こうして、火が燃え移ったおばあちゃんは、まばゆい炎に包まれて死を迎えるのです。これまでの彼女の人生のように輝きながら……。

あらら。こんなのぜーんぶ、嘘っぱちですよ。

「なんで嘘なの？　バイキングのお葬式といえば水葬に決まってるじゃない！」――いいえ、違うんです。みなさんが憧れているバイキングって、中世スカンジナビアの侵略者であり交易商人のことですよね？　たしかに彼らの死の弔い方は興味深いのですが、小舟に火をつけて火葬するという風習はありませんでした。では、実際はどうだったのでしょうか。彼らは、確かに火葬をおこなってはいましたが、水上ではなく陸地でおこなっていたのです。ときには、船の形に石を積み上げ、その内側に薪を組んで火葬することもありました（ここから、船に火をつけるというイメージになったのかもしれませんね）。亡くなったのが重要人物であれば、乗っていた船を陸へ引き上げて、それを棺としました。これを船葬墓と言います。ですが、火矢を放つ火葬クルーズはおこなわれていなかったのです。

ここでひとつご忠告を。燃え上がる小舟で死体を弔うという、歴史的には間違っている問題をきちんと指摘しようとすると、〝アフマド・イブン・ファドラーン〟と名乗る人物がコンタクトしてくることでしょう。インターネット上に現れるこの人物は、ハリウッドで描かれている船上炎上葬が本当にあったと主張しています。彼は、この問題について長々と自説を繰り広げ、自らの主張を裏づけるものとして、一〇世紀に実在したアラブ人旅行者、アフマド・イブン・ファドラーンの著作物をあげています。こちらの（本物の）

アフマド・イブン・ファドラーンは、彼が〝ルース人〟と呼んだ人々、いわゆる北方系ゲルマン族の交易商人であるバイキングたちについて記録したことで有名です。ただし、イブン・ファドラーンの記録は史料として問題があります。ルース人たちに対する記述に偏見が入っていたのも、その理由のひとつ。たとえば、イブン・ファドラーンはバイキングたちが〝完璧な体格〟をもっていると考えていましたが、彼らの衛生状態については明らかに嫌悪していました。彼の旅行記では、あるルース人の首長が亡くなったときにおこなわれた、手の込んだ火葬について書かれています。

イブン・ファドラーンの記述によれば、ルース人たちは亡くなった首長を仮の墓に十日間安置しています。首長は重要人物であるため、人々は彼のロングシップ（帆船）を岸に上げ、木で作った足場の上に置いています。儀式を取り仕切るのは、〝死の天使〟と呼ばれる一人の老婆（ねえ、イブン・ファドラーンさん。この死の天使である女性について、もっと聞かせてほしいわ）。その老婆が、船上に首長のためのベッドを作り終えると、遺体は墓から運び出され、着替えさせられた後、ベッドに寝かされます。遺体の周りには首長が所有していた武器がすべて並べられます。首長の遺族たちが松明をもって集まり、船に火をつけます。こうして、船と木の足場は、遺体もろとも燃え上がるのです。ただし、見過ごしてはいけないのは、これがすべて陸の上でおこなわれていたということ。

実際とは異なる、バイキング風の水葬というイメージが、どうやって広まったのかは知る由もありません。たしかにバイキングたちは、かなり手の込んだお葬式をあげていましたし、船だってもっていました！　でも水上で火葬などしていなかったのです。

　ええ、あなたの考えていることは読めていますよ。「わかったよ。ぼくの考えてた葬式プランには、歴史的にみておかしいところがあるっていうのは認めるよ。まあ、北欧の歴史にそれほど興味があったわけでもないし、ちょっとくらい違っていてもいいや。だから、小舟に火をつけて火葬するってことに話を戻そうよ！」　いえいえ、ちょっと待って。どうやっても火をつけたいみたいだけど、ひとまず落ち着きましょう。実は、この小舟炎上葬というものをおこなっている文化はどこにもないのです。理由は、うまくいかないから。

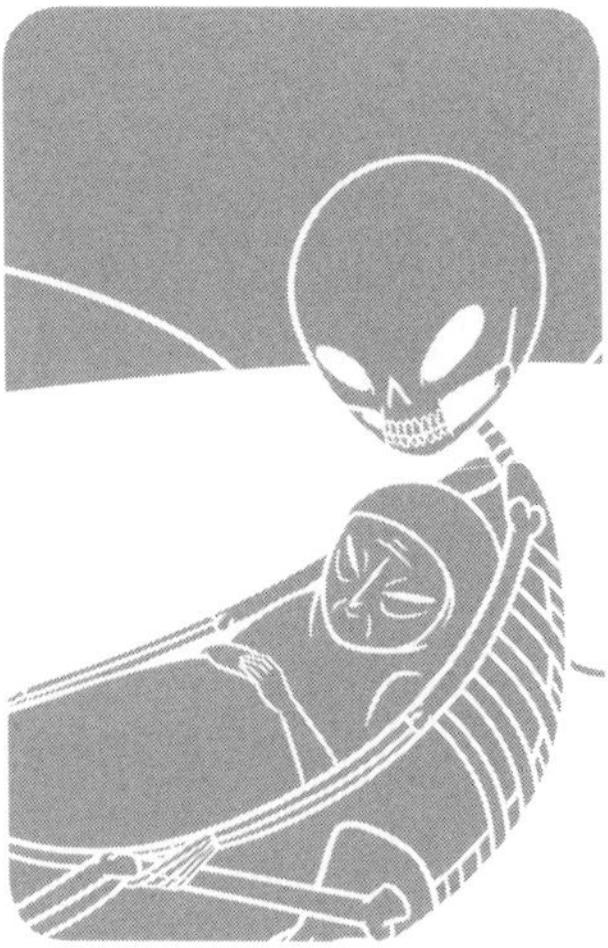

　私は野外での火葬を見たことがあります。点火後の十五分間は、まさに圧巻。遺体の周りを煙がもうもうと立ちのぼり、遺体からは真っ赤な火柱が立ちます。ハリウッドの人がこれを目にして、「こんな炎上シーンって、最高だよな……なあ、ちょっと考えたんだけど……これを小舟の上でやってみたらどうだろう？」となってしまうのも、わかります。

でも問題があるんです。最初の十五分はたしかに勢いよく燃えさかるでしょうが、死体を焼き尽くすには何時間もかかりますし、薪だってたくさん必要です。ところが、平均的なカヌーの全長はだいたい五メートル前後。そこに積み込める薪の量だと、最初のうちは何とかなるかもしれませんが、信頼できる筋からの情報によると（野外で火葬を準備する人々に聞きました）、火葬を完了するには四〇立方フィート（一・一三立方メートル）以上の薪が必要だということです。また、火葬の炎は一二〇〇度まで達する必要があり、その温度を二〜三時間はキープしておかなければいけないので、火葬中は常に薪をくべ続けることになります。たとえ木材を高く積み上げたとしても、五メートル程度の船に積み込める薪の量は、たかが知れています。それに、おそらくは死体が焼ける温度に達する前に、船の底が抜け落ちてしまうでしょう。このように、もともとの設定自体に無理があるのです。死の小舟がすぐに全焼してしまったら、あとには何が残るでしょうか。生焼けの死体が、そのあたりの河川にぷかぷか漂うことになります。どこかの家族が浜辺でピクニックをしていたら、おばあちゃんの遺体が打ち上げられた――なんてことになったら、もう歴史ロマンもへったくれもありませんよね。

ガッカリさせちゃいましたか？　私だって、人をがっかりさせる葬儀屋にはなりたくありません。ですから、ここで別のオプションをご提案しましょう。

① おばあちゃんは、一般的な火葬炉で火葬してもらいましょう。おばあちゃんの遺体

が炉に入っていくのを見てもよし、北欧の戦闘の掛け声を上げながら、点火ボタンを押すもよし。こうして火葬に立ち会うのを立会火葬といいます。その後、灰になったおばあちゃんをミニチュアのバイキング船に乗せて、火をつけ、海や川に流すというのはどうでしょうか。小舟が焼かれれば、遺灰は水中に散っていきます（注意！　公共の水路に火のついたものを流すことを推奨しているわけではありませんので、あしからず。ただ、仮にそういったことができたらカッコイイかもと思っただけです）。

② 火葬の前には、おばあちゃんの手足の爪が伸びていないか、確認しましょう。北欧の伝承によれば、〝ラグナロク〟と呼ばれる恐ろしい終末の日を迎えると、神々は死に、世界を焼き尽くすような戦争が起きると言われています。この戦いのとき、怨念に満ちた軍隊が死者の船《ナグルファル》と呼ばれる巨大な船でやってくるのですが、この船は別名、〝爪の船〟とも呼ばれています。そうです。この戦艦は死者たちの爪でできているのです。ですから、もし、おばあちゃんの爪に世界の終焉の一端を担ってほしくなければ、すぐに爪切りを出して、爪をきれいに切ってしまいましょう。

この提案ならば、〝バイキング式の水葬〟は無理だとしても、炎上する小舟を満喫することもできますし、おばあちゃんだって、英雄にふさわしくきれいな爪で見送ってあげることができますよ。

13 どうして動物はお墓を掘り起こしたりしないの？

質問への答えは、どんなお墓かによって違ってきます。たとえば、死んだペット——ネコとか犬とか魚（トイレからあの世行きにならなかった場合）——のお墓なら、コヨーテなどの野生動物が荒らすこともあるでしょう。ただ、コヨーテたちは墓荒らしの常習犯だというわけではなく、簡単に手に入る食べ物を探しているだけです。だって、犬のフィドくんのお墓の深さがたったの三〇センチしかなかったら、コヨーテが来ちゃってもしかたないじゃありませんか（そう、もっと深く埋めないとね）。

土の中で動物の体が腐敗し始めると、刺激臭のある化合物が発生します。その名も、カダベリン（cadaverine）とプトレシン（putrescine）。英語で cadaver は「死体」を、putrid は「腐敗した」という意味なので、まさにぴったりの名前です。腐肉食動物《スカベンジャー》にとってこれらのにおいはおいしいディナーの香り。土をちょいちょいと掘るだけでおいしい夕食にありつけるのなら、そうしない理由はないでしょうね。

お墓を荒らされたくないなら、手っ取り早い方法がありますよ。穴をもっと深くすればいいのです。そうすれば、フィドくんも安らかに眠ることができます（具体的な深さについては後で説明します）。

では、人間の墓地はどうでしょう？　どの町にも墓地はあると思いますが、スカベンジャーたちがうろついたり、まだ埋められて間もない死体に食らいついたりしている光景は、あまり目にしませんよね。

と言っても、ありえないわけではありません。ロシアの奥地やシベリアのような場所では、ツキノワグマやヒグマが墓地に侵入して死体を掘り起こすことがあったため、武装した警備員が墓地を見張らなければならなかったそうです。そんなできごとを象徴する、印象深い話があります。ある村で、大きな毛皮のコートを着た男性が愛する人の墓に寄り添っている姿を、二人の女性が目にしました……が！　実は、それは墓を掘り起こして死体を食べていたクマだったのでした。ロマンチックな結末じゃなくて、目撃したご婦人方もさぞかしがっかりしたことでしょうね。

また、こちらも最近の話です。フロリダのブレーデントンにある墓地で、墓がいくつも犬かコヨーテによって掘り起こされたとのこと。近隣の住人によれば、新しく掘られた穴からはひどい悪臭がしており、死体袋が地面から顔を出していたそうです。

こんなおどろおどろしいふたつの話をしたのにはわけがあります。これらは、穴が十分に深く掘られていなかったために起こった、特殊なケースなんです。一般的に、動物が人間の墓を掘り起こすことはあまり考えられません。なぜなら、死体にある程度の土がかけられていれば、ほとんどにおいはしないからです。さらに、土は、強烈な腐敗臭を消してくれるだけでなく、死体を分解し、無臭の白骨へと変えてくれます。土の力は偉大です。

そこで問題となるのは、「お墓はどれくらい深くすればいいのか」ということ。念には念を入れて、人間の死体はすべて頑丈な棺に納めてからコンクリート製の保護容器に入れ、地下六フィート（一・八メートル）もある墓穴に埋めるべきでしょうか〔訳注：かつてのアメリカでは、墓穴の深さはたいてい六フィートであった。ここから、シックス・フィート・アンダーといえば、亡くなって埋葬されることを意味する〕。いいえ。土がもつ魔法の力（これを科学的な専門用語で何というのかはわかりませんが）がもっともよく発揮されるのは、地表近くなのです。地面に近い土（表土）の中には、死体をうまく分解し白骨化させてくれる、菌類や虫や細菌がたくさん存在しています。しかし、穴が深すぎると、そういった土壌動物や微生物はほとんどいなくなってしまいます。また、表土には酸素が多く含まれているので、死んだあとに木に生まれ変われるかもしれません（大樹になるか生垣サイズの低木になるのかは、わかりませんけど）。ですから、もしあなたが死後、〝自然の一部になる〟ことをお望みなら、できるだけ地面に近いところに埋めてもらいましょう。

とすると、妥協点は？　やっぱり一・八メートルは掘らなきゃだめだという人もいますが、においを防ぐという意味なら、三〇センチほどの土をかぶせておけば十分だという人もいます。私としては、間をとって一・一メートルくらいがちょうどいいんじゃないかと思います。「一・一メートル掘れば、動物の餌食にならずにすむ」ということわざがあるくらいですからね（私が勝手に作りました）。この深さだと、死体を覆う土も六〇センチほどになるので、においを心配する必要はそれほどありませんし、地表にも近いので、死体はちゃんと分解されます。アメリカ合衆国内で自然葬を行う場合、一般的な墓穴の深さは一・一メートル程度ですが、それで動物に墓を荒らされたということも聞きません。

ですが、正直に打ち明けましょう。覆っている土が六〇〜九〇センチほどあっても、動物たちがそのにおいを嗅ぎつけないとは限りません。ごくたまに、コヨーテなんかが、「おや、なんだかいいにおいがするぞ」と、人間の墓を突き止めることがあります。でも、墓を掘り起こしたりはしません。だって、あまりに重労働だから。自分に置き換えて想像してみてください。私がどうしてファーマーズマーケットでオーガニックな食材を買って、ほうれん草とケールのキャセロールを手作りしないのか。どうして、代わりにドライブスルーのファストフードで夕食を済ませてしまうのか。そう、スカベンジャーたちだって、食事にありつける楽な方法があれば、わざわざ六〇センチも穴を掘って、土の中から大きな人間のお尻を引っ張り上げようなんて思わないでしょう。ただでさえ、なわばりを見張ったり、自分の身を守ったりするので忙しいのに、人間の太ももにかじりつくためだけに大きな穴を掘るなんて、そんな暇も体力もないぞ、というわけですね。しかも、コヨーテやクマといった動物たちの体は、深い穴を掘るにはあまり適していないのです。

では、どうしてシベリアのクマたちはお墓を荒らしまわったのでしょうか。私が思うに、きっと墓穴が浅すぎたんだと思います。極北地方では、土まで凍りつくことも珍しくありませんからね。もし（穴を掘るのは苦手なはずの）クマにとって、獲物を探してしとめるよりも、おじいちゃんのお墓を掘り返すほうが簡単だったとしたら、お墓自体があまり深くなかったと考えるのが自然です。また何よりも、クマは死ぬほどお腹が空いていたのでしょう。ふだん食べているキノコや木の実（ときにはカエルなんかも食べるようです）が少なくなると、クマはお墓に供えられた食べ物を狙って墓地に侵入します。そして生き残るために、クッキーからロウソクに至るまで、あらゆるものを食べ尽くします。そして食料が尽きてしまうと、死体を掘り出すようになるのです。

では、フロリダの墓地の場合はどうだったのでしょう。その墓地は古く、廃れ果てていたそうです。なぜそんなところに新しい墓があって、ひどい悪臭がしたり死体袋が見つかったりしたのでしょうか。調べてみると、亡くなったホームレスの人々を埋めるために、地元の葬儀社が墓を掘っていたことがわかりました。その墓地はずっと使用されておらず、行政の管理下になかったため、葬儀社はひじょうに浅いところに死体を埋めてしまったようです。それ以降、その葬儀社は、お墓の上にセメント板を置くようになりました。ともあれ、フロリダのブレーデントンにクマがいなかったのは不幸中の幸いでしたね（後で調べたら、実はフロリダにもクマはいました！　でも、めったに出没しないようです）。

さて、この講義もそろそろ終わりに近づきましたので、中世時代の骨を掘り散らかしたアナグマの話で締めくくるとしましょう。中世では、死体を教会の建物のすぐ外に（ときには中にも）埋めていました。それも、かなりたくさんの死体を。十三世紀に建てられたイギリスのある教会では、一九七〇年代に遺骨を取り出す作業が完了していたはずでしたが、実はまだ骨が残っていたことが判明しました。でも、どうしてわかったのでしょうか。実は、アナグマが墓に侵入して巣を作り、骨が埋まっている地中にトンネルを掘っては、骨盤の骨やら大腿骨やらを地上へ放り投げていたからです。誰か、こんな暴挙をはたらくアナグマを何とかして！　ああ、そうでした。アナグマを何とかしたくても、できないのですね。イギリスでは、アナグマを殺したり巣を移動させたりすることさえ禁止されているのですから。《アナグマ保護法》（もちろん本当にある法律です）のおかげで、アナグマに危害を加えれば、禁固六ヵ月および高い罰金が課せられます。ですから、教会で働く人々は、散らばった骨を拾い、祈りを捧げ、また土の中に埋めなければならないのでした。最後に、この話から得られた教訓をひとつ。もしあなたが、お墓の中で一〇〇〇年近くも眠りに就いていたとしても、ある日いきなり、無法者のアナグマに掘り起こされてしまうこともありえますので、ゆめゆめ油断なさりませんように。

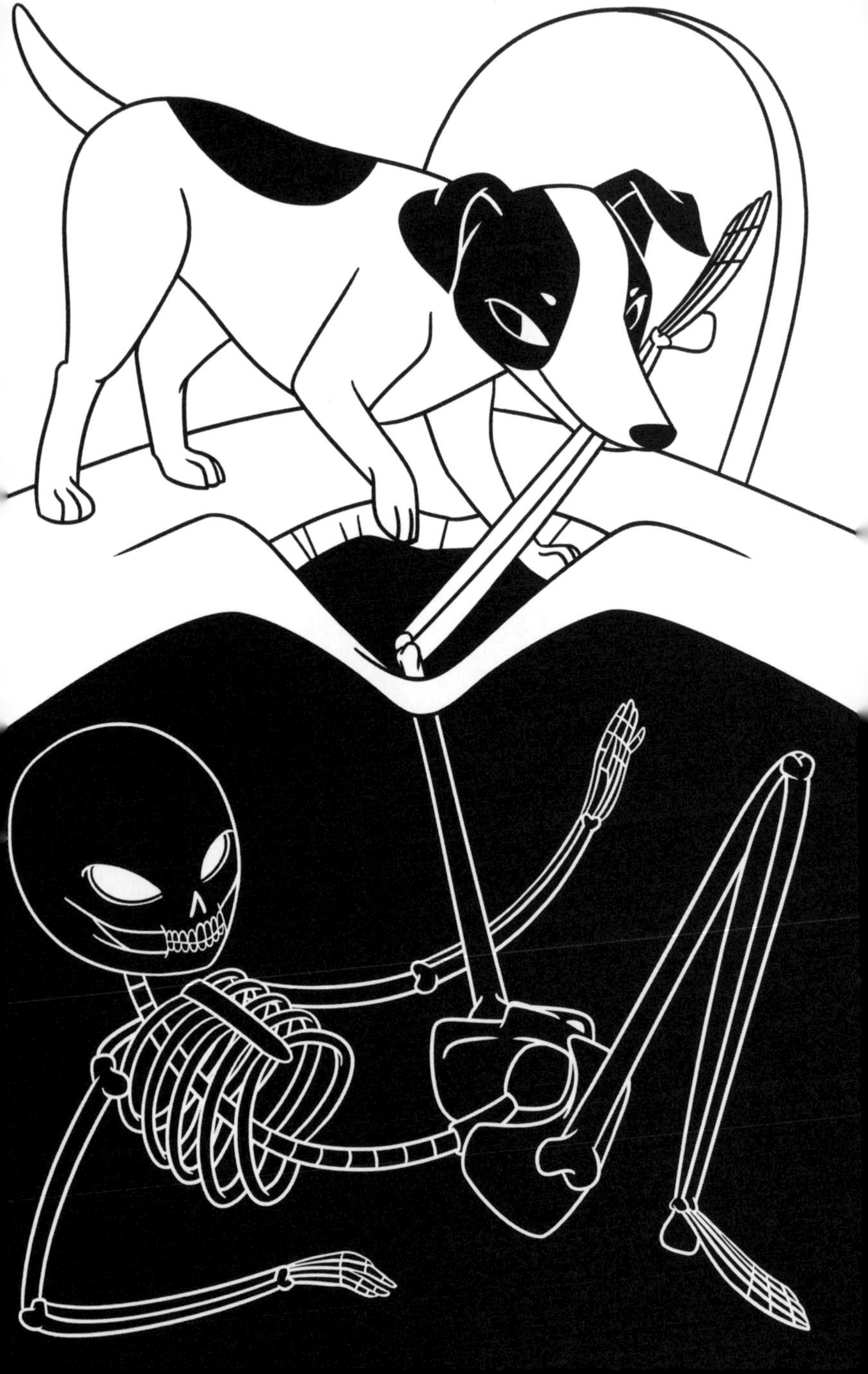

14 死ぬ直前にポップコーンのタネを一袋分飲み込んだら火葬したときにどうなる？

まさかとは思いますけど、もしかしたらここ数年ネットで出回ってるネタ画像を見たりしていません？　映画館のポップコーンの画像と一緒に「死ぬ直前にポップコーンのタネを一袋分飲み込んだら、歴史に残る火葬になるはず」とか何とか書かれているやつです。

よーくわかりました。おもしろいやつだと思われたいわけですね。死んでもなお、目立ちたいと。ああ、あなたって本当にいたずら好きの変わり者ね、ティム！　死ぬ前にポップコーンのタネを飲み込むなんて、ほんっとーに〝ティムのやりそうなこと〟ですもの。そうすれば、花火みたいにポップコーンがパンパン弾けて、死体からあふれ出すってわけね？　火葬技師もびっくりしてのけぞったあと、きっとこうつぶやくはず。「こんなことをするなんて、本当にティムらしいな！　やられたよ、ティム」ってね。

でも、そううまくはいかないんですよ。理由はたくさんありますが、そもそも死の床にあるってことは、弱り切っていて、内臓だって機能不全に陥っているはず。何週間も固形物なんか口にしていない状態なのに、突然ポップコーンのタネを自分の部屋にこっそりもち込んで、ボウル一杯にもなるタネを飲み込めるでしょうか？　そして妻には、「すまない。息を引き取る前に君への愛を伝えたいところなんだが、その前にこのタネを一気に飲み込んで、『ポップ・シークレット』作戦を決行しなきゃいけないんだ」なんて言うんですか？　きっと無理ですよね。

万が一、ポップコーンのタネを一袋分なんとか飲み込めたとしても、火葬炉のしくみをわかってないでしょう？　このネタ画像が流行ったのは、おそらくほとんどの人が火葬炉がどういうものか（見た目も、音も、火葬の流れも）知らなかったからでは？　そもそもポップコーンのドッキリを成功させるためには、次のような前提が必要です。まず、ティムの体が火葬途中でガバッとふたつに割れて、ポップコーンのタネが一気に放出されること。それから、電子レンジ用ポップコーンの一袋から、ポップコーンの波がぶくぶくとわき出てくること。誰かがいたずらで高校の噴水池に洗剤を入れて、中庭を泡だらけにしたときのようなイメージですね（いちおう計算してみると、ポップコーンがそのくらいになるには、最低でも五・七リットルのタネを飲み込まなければいけないようです）。あと、このいたずらには、ポップコーンが一斉にパンパンと弾ける音で、何者かが火葬炉を銃撃したと思わせる、というのも含まれています。

でもね、残念ながらあなたの計画通りにはいかないんですよ。理由はふたつあります

（実際には、数えきれないほど理由はあげられますが、ここではふたつだけに絞ります）。

《ひとつ目の理由》 火葬炉というのは、巨大バーナーと燃焼室を備えた、十四トンはある装置です。耐火煉瓦で覆われた燃焼室の中に遺体が入ると、分厚い金属製のドアが閉められます。しかも炉は、めちゃめちゃうるさい。たとえ、四七袋分のポップコーンのタネが弾けたとしても、外からその音が聞こえることは、絶対にないでしょう。

《ふたつ目の理由》 そんなことよりも、もっと根本的な理由があります。百歩譲って、もしポップコーンの音が聞こえるほど静かだったとしても、やっぱり無理なのです。だって、ポップコーンは弾けないのだから！ ポップコーンに関する苦情で一番多いのは何だと思います？ 底にあるタネが焦げついて弾けないことです。おいしいポップコーンを作るには、理想的な条件というものがあります。それはタネがいい具合に乾燥していること。ですから、胃の中のように水分の多い環境で消化途中だったりすると、タネは弾けたくても弾けられないのです。

研究によれば、ポップコーンが弾けるのに最適な温度は摂氏一八〇度だそうです（熱力学解析をする技術者たちが、本当にこんな研究をしたんです）。ポップコーンを炒める油は二〇〇度をちょうど超えたくらいになりますが、温度がもっと高くなると、ポップコーンは弾けずに黒く焦げてしまいます。火葬時の平均温度は九二〇度前後なので、ポップコーンの最適温度の四倍以上にもなりますね。そのうえ、炉内の上部からは、胸部や腹部めがけて火が噴き出してくるので、飲み込んだタネは、体の柔らかな組織と同じように丸焦げになって跡形もなく消えてしまうでしょう。

いたずら計画が台無しになって、がっかりしちゃったかしら、ティム？　でも、悪いことをしたとは思いませんよ。そもそも、どうして火葬技師を驚かそうだなんて思ったのかしら？　私は二〇代の頃に火葬技師として働いていましたが、そんな私から言わせてもらえれば、あれは本当にキツイ仕事なんですよ。汚れるわ、暑いわ、しかも死体や泣きむせぶ人々と一緒に過ごさなくてはならないわで、本当に大変なんです。そんなときにドッキリのいたずらを仕掛けられて、誰が喜ぶと思います？

とはいえ、どうしても自分が爆発して火葬技師をびっくりさせたいのなら、ポップコーンのタネを飲み込むのではなく、ペースメーカーを体に埋め込んでおくほうがいいかもしれません（注意！　この案を勧める気はまーったくありませんので、決して真に受けないでください！　ただの冗談ですから。ほら、私だって冗談を言えるんですよ、ティム）。

ペースメーカーは、必要に応じて心拍数を増やしたり減らしたりして心臓のはたらきを助けてくれる、ちっちゃくてカワイイ、クッキーサイズの機械です。電池とジェネレータ、それからリード線からなっている本体を（手術で）体内に埋め込んで使用します。心臓に不具合があるときには命綱になってくれるペースメーカーですが、火葬時に体内に残ったままだと爆発を起こしてしまうのです。

ですから、私が火葬を担当するときには、ペースメーカーが入っていないかどうかを書類上で確認するだけではなく、遺体の心臓付近を触って確かめるようにしています。そして、もしペースメーカーが入っていたら、体から取り出さなくてはなりません。いえいえ、ご心配なく。その方はもう亡くなっているので、気にはされないでしょう。それにペースメーカーはそれほど珍しいものでもありません。アメリカでは毎年七〇万人が埋め込んでいるので〔訳注：日本での新規装着者は毎年約4万人〕。なので、ペースメーカーが体の中に残ったまま火葬されてしまうケースがあったとしても、特に驚くことではないのです。

ペースメーカーが入ったままだと、高熱によって可燃性の物質が化学反応を起こし、ペースメーカーを破裂させます。バッテリーの中には、何年にもわたってペースメーカーを動かすはずだったエネルギーが詰まっています。それが、バーン！と一瞬にして放出され、爆発するのです。これは火葬技師をびっくりさせるだけでなく、ケガをさせることもあります。もし、火葬炉の内部を点検していたときに爆発が起これば、さらに危険です。また、この爆発で、炉の扉や内側の煉瓦が損なわれることもあります。

あなたがこの先、ペースメーカーをつけなくて済むように祈っていますよ、ティム。あと、死後のいたずらをもうちょっと控えめにしてくれたらうれしいですね。たとえば、体を爆発させるんじゃなくて、死後二週間後に「う〜ら〜め〜し〜や〜」なんてツイートが発信されるように設定するなんていうのはどうです？　きっと、成功間違いなしですよ。

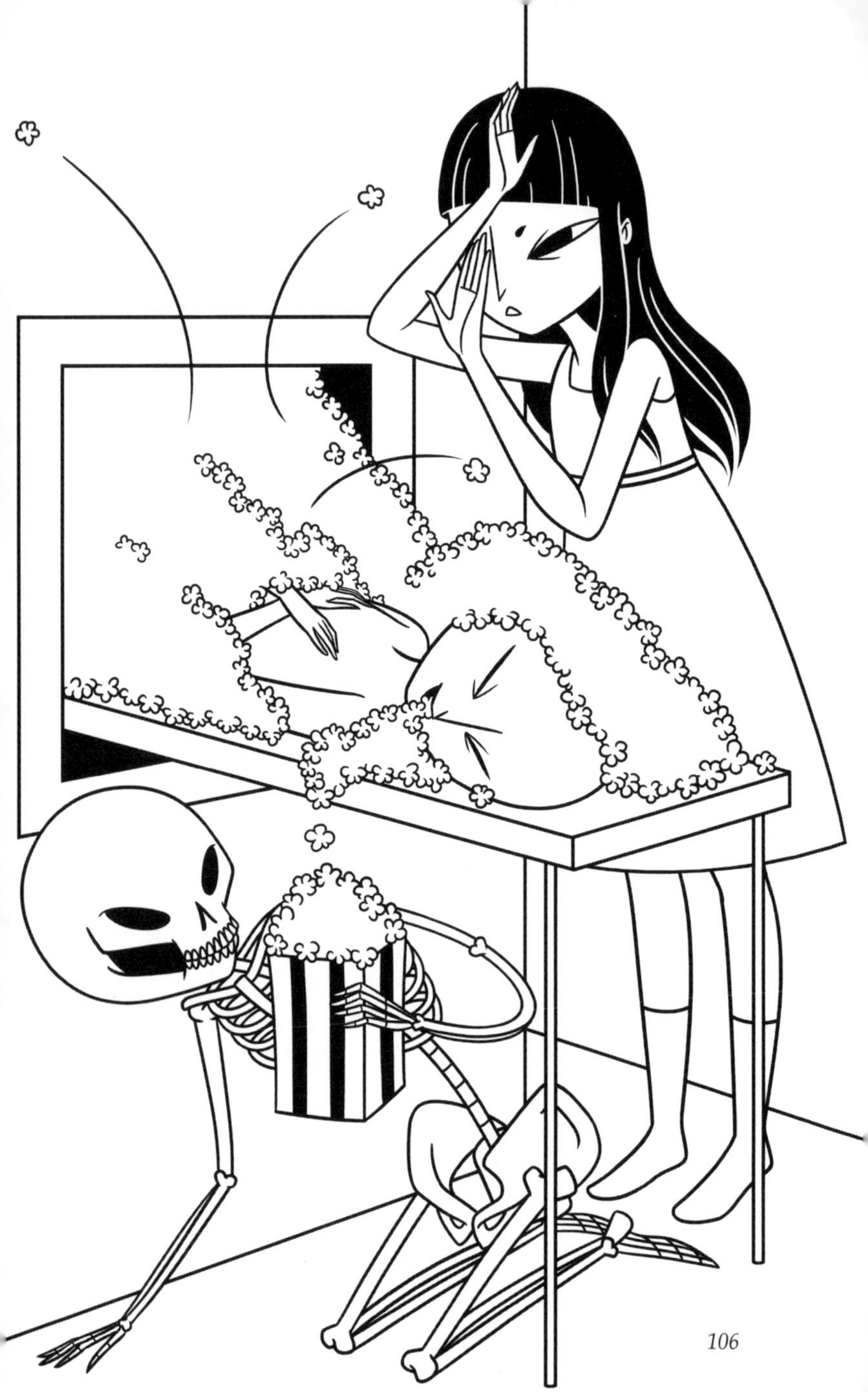

15 家を売るとき、その家で誰かが死んだことを正直に言わなきゃいけない？

私は今、ロサンゼルスの自宅でこの原稿を執筆しています。近所ではちょうど高級タワーマンションの建設ラッシュが続いていますが、いずれも価格はぼったくり同然で、それほどすてきでもありません（白い保存容器が巨大化した感じといったら伝わるでしょうか）。ただ、死人はまだ出ていないはず。今のところは、ですけれど。

ここでプロからのアドバイスを。過去に死人が出たところには、ぜったいに住みたくないなら、新築の家を購入しましょう。できれば、建設中から目をつけておくといいですね。戦前からあるすてきなバンガローとか、豪奢なヴィクトリア様式の邸宅なんかだと、あなたがテレビを見ながらポップコーンを食べているちょうどその場所で、昔、誰かが息を引き取っているかもしれないからです。でも、そんなことは誰も教えてくれません。

家の販売者側が購入者側に伝えるべき事柄は、住んでいる地域によって法律が異なるため若干の違いがあります。でも一般的には、誰かが〝安らかに〟亡くなった場合なら（言

い換えると、殺人鬼が斧で惨殺事件を起こした、なんていうケースじゃなければ）、死人が出たことを報告する義務は生じません。同様に、はしごから落ちて亡くなったというような事故死や、自殺についても報告する義務はありません。また、アメリカに住んでいる限りは、ＨＩＶやＡＩＤＳに関係した死を公表する義務もいっさいありません。場合によっては、死人が出たことを口外しないほうがいいとアドバイスされることもあります。口外すれば、資産価値が必要以上に下がる恐れがあるからです。販売する側としては、購入者に想像してほしくないことだってありますからね。血なまぐさい犯行現場とか、映画『シャイニング』でエレベーターから血がドッと流れ出すシーンとか、ほかにもほら、幽霊とかそういう類のイメージですよ。

死人は多くの家で出ています。おそらく、あなたが考えているより、はるかに多くの家で。ええ、もしかすると、今あなたがこの本を読んでいるその家でも……！　だってほら、かつては、病院や介護施設ではなく、自宅で臨終を迎えるのが一般的でしたから。ということは、もしあなたの家が一〇〇年以上前のものであれば、その家で死人が出ていても全然おかしくありませんよね。

もし、自宅で亡くなっているとすれば、家族かホスピスの職員に看取られたことでしょう。とすれば、死体は本格的な腐敗が始まる前に自宅から出棺されたはずです。こういった経緯であれば、〝幽霊が化けて出てくる！〟ような状況には、ならないように思います。

それに、たとえ何らかの事情で、遺体の腐敗がかなり進んでしまっていたとしても、経験豊富な特殊清掃員たちがその部屋をピッカピカにしてくれるので大丈夫ですよ。ほら、今はあなたの趣味の部屋になっているところに、かつては腐敗した死体があったなんて、どうやっても想像できないでしょう？

こんな例もあります。私の友人、えっと、とりあえずジェシカと呼ぶことにしましょう。ジェシカはロサンゼルスにあるアパートの五階に住んでいたのですが、春になったころ、部屋中に変なにおいが漂ってきました。最初はネコのトイレのにおいかと思い、もっとちゃんと掃除しなきゃな、ぐらいに思っていたそうです。

でも、すぐにおかしいと気づきました。どうやらにおいは下の階から来ているようなのです。実は、階下の部屋で二週間前に男性が孤独死していたのですが、誰にも発見されずにいたのでした。〝ネコのトイレ臭〟の正体は、古いアパートの床板の隙間から漂ってきていた、死体の腐敗臭だったのです。その後、警察が呼ばれ、死体は運び出されました。

ジェシカは、怖いもの見たさから、外の非常階段を降り、開いている窓から中を覗いてみたそうです。死体はすでに検視のために運び出されていましたが、死体があった場所の床には、黒っぽい液体がべっとりとついていて、その中をウジ虫が元気に動きまわっていたそうです。

わかりますよ。そんな状態の部屋を借りたいなんて、絶対に思えませんよね。でも、その数ヵ月後にはどうなっていたと思います？　部屋はすっかりきれいになってピカピカにリニューアルされていました。そして、新しい借り手も見つかりました。ジェシカはその住人に会ったときに聞いたそうです。「新しい部屋はどう？　気に入った？」と。住人はとても満足していると言い、においなどに対する不満はまったくなさそうでした。ですから、ジェシカは前の住人のことについては何も言うまいと心に誓ったそうです。

　新しい住人は、部屋で死人が出ていたことを知っていたのでしょうか？　法律的な観点から言いますと、カリフォルニアでは、過去三年の間に部屋で死人が出たときには、家主はそのことを伝える義務があるとされています。カリフォルニア州は、こういったことを厳密に法律として定めている、数少ない州のひとつです。もし、部屋で死人が出ていたことが発覚して、新しい住人が後々嫌な思いをするようなことになれば、訴訟沙汰になる場合だってあります。ですから、家主側としては、将来訴訟を起こされないためにも、賃貸契約を交わす前に死人が出ていたという事実を借り手側に伝えなければいけないのです。ですが、ジェシカのアパートの家主は、その法律を知らなかったのか（あるいは、単に無視したのか）、新しい住人には何も伝えていなかった可能性があります。

　なお、アメリカ国内のいくつかの州（例えばジョージア州など）では、死人の有無について問い合わせがあった場合に限り、直近に亡くなった人についてのみ答える義務がある、となっていますので、この点は気をつけておきましょう。ただし、問い合わせをきちんとすれば、家主は正直に報告しなければなりません。なんだか、吸血鬼に似ていますね。吸血鬼はあなたが招待しない限り、家の中には入れないでしょう? そんな感じです。ジェシカの話をふまえると、引っ越し先で前に誰かが亡くなっているかどうかが気になるなら、きちんと質問しておかないといけないわけですね。

アメリカならば、たいていの地域では問い合わせさえすれば大丈夫でしょうが、例外もあります(オレゴン州、あなたのことですよ)。オレゴン州では、亡くなった時期とか死因なんてどうでもいいことみたい。だから、死人が出ていても、黙っていていいことになっています。それが虐殺や惨殺でも関係ありません。殺人であれ自殺であれ大往生であれ、オレゴン州では、平等に無視されます。

不動産業界では重要な事実、いわゆる〝重要事項〟というものがあります。〝重要事項〟とは、買い手が資産を購入したいという気持ちに影響を与えうる事実のこと。よく当てはまるものに、建築物の基礎部分のひび割れとか、目視では確認できない構造上の問題などがあります。アメリカでは州によって違いますが、殺人などはこの〝重要事項〟に相当するでしょう。つまり、死因に事件性があったならば、きちんと説明しなければいけないのです。一方で、自然死や事故死ならば、おそらく重要事項には当てはまらないでしょう。

陰惨な殺人事件の現場となった家なら〝事故物件〟の烙印を押されてしまいます。いわば、〝いわくつきの家〟として知られてしまうわけですね。凶悪事件が報道されたり、心霊現象の噂が立ったりしても同じこと。もちろん売り手側としては、二〇〇八年に三人が殺害された事件があったなんて知られたくないでしょうが、それを隠していたことによって、後々そこの住人が近所の人からその事実を知ってしまったら（なんたって、〝いわくつきの家〟ですからね、噂も立っていることでしょう）、契約破棄や、ことによっては訴訟沙汰になる可能性があります。これもまたアメリカのどの州に住んでいるかによって違ってくるわけですが。

結局、一番いい解決策は「いつかは死人が出たことのある家や部屋に住むことになるかもしれない」という事実を受け入れてしまうことではないでしょうか。大丈夫。私の母は不動産業者ですが、つい先日も、前の住人が九〇歳で亡くなった家を売ったところです。母は、その住宅を気に入ってくれた人に事実を伝えてから（ここで伝えておかないと、後で近所の人から聞いてしまうかもしれませんからね）、いったん家に帰って考えてもらったそうです。結局、その人たちは家を買うことにしました。前の住人はきっとその家を愛していたからこそ、自分の最期をそこで迎えたのだろう――そう彼らは考えたのでした。

私も自宅で安らかに死を迎えたいですが、死後に幽霊になって化けて出てくるつもりはありません。でも、もしあなたがまだ、「死人が出た家で暮らすことになったらどうしよう……！」と恐怖にかられているのなら、不動産業者や家主にしっかり確認しましょう。

ただし、オレゴン州では何をしてもムダですけれど。

16 植物状態のときに死んだと思われて生き埋めにされたらどうなる？

ええと、いちおう確認させてくださいね。　つまり、「生き埋めにされたくない」ということでよかったでしょうか？　了解です。

いやぁ、ラッキーでしたね、現代に生きていて！　昔（二〇世紀以前）は、医師であっても完璧な死亡診断は難しいものだったのですよ。目の前の人が本当に〝神様に誓ってもいい〟くらい完全に死んでいるのかどうかを確かめるため、当時の医師たちは、技術的にお粗末なだけでなく、身の毛がよだつような恐ろしい方法を用いていたのです。

以下に、当時の死亡診断テストをいくつか挙げてみました。お楽しみあれ！

- 足の爪と皮膚の間、あるいは心臓やお腹に針をつき刺す。
- 脚の肉を薄く切り取ったり、火かき棒で脚を焼いたりする。
- 溺れた者にはタバコ浣腸を行う。タバコ浣腸という名前のとおり、誰かが〝お尻からタバコの煙を吹き込む〟。これで体が温まり、呼吸するようになるかどうかを確認する。

●手を焼く。または、指を切り落とす。

なお、私が個人的に好きなのは次の方法です。

●見えないインク（原料は酢酸鉛）で「私は本当に死んでいる」と書かれた紙を生死不明な人の体の上に置く。この方法の発案者いわく、もし死体が腐敗しつつあれば、二酸化硫黄が発生し、文字が浮かび上がるとのこと。ただし、虫歯などがあれば、生きている人の体からも二酸化硫黄は出ることがあるので、擬陽性であったケースが若干あったかも。

もしあなたがこういった〝テスト〟に明らかに反応して、目を覚ましたり息をしたりすれば……バンザーイ！　あなたは生きています。ただし、体は多少傷ついているかもしれませんが。それに、もし心臓に針を突き刺されていたら、それが原因で死ぬことだって、ありえます。

ですが、刺されたり切り取られたり浣腸されたりといった数々の診断テストを受けることもなく、完全に死んでいると思われて墓地へ送られてしまった可哀想な人々はどうなってしまうのでしょうか。

ここでひとつ、マシュー・ウォールという人の話をいたしましょう。彼は十六世紀にイギリス、ブラウイングに住んでいた《リビング》男性です（そう、確かに生きていた《リビング》のです）。マシューは死んだと思われていたのですが、埋葬に向かう途中で、幸いにも棺桶の担ぎ手が濡れた落ち葉に足を滑らせ、棺を落っことしてしまいました。話によれば、棺が落ちた衝撃でマシューは目を覚まし、「出してくれ！」と棺の蓋をたたいたと言われています。その後、毎年十月二日には、マシューの復活を記念して〝老人の日〟が祝われています。ちなみにマシューは、その後二四年も生きたそうです。

こんな話があることからも、土葬をする地域には重度の〝生き埋め恐怖症〟に悩む人がいるのもうなずけます。前述のマシューは生き埋めまでには至らずラッキーでしたが、その点、アンジェロ・ヘイズは運が悪かったと言えるでしょう。

一九三七年のことでした（ええ、たしかにそれほど昔のことじゃありませんけど、みなさんが生まれるずっと前ということには違いありません）。フランス人のアンジェロ・ヘイズはオートバイで事故に遭いました。医師は脈を見つけられず、死亡と診断します。そして、体の損傷が激しいという理由で両親との面会も許されないまま、すぐさま埋葬されたのです。もし、保険会社が保険金の不正を疑わなければ、アンジェロは今でも埋められたままだったでしょう。

埋葬から二日後、アンジェロは調査のために掘り出されました。そして、調査員がその〝死体〟を調べてみると、体はまだ温かく、まだ生きていることが判明したのです。

アンジェロは深い植物状態にあったため、呼吸がひじょうにゆっくりになっていたようです。このゆっくりとした呼吸のおかげで、アンジェロは生き埋めにされてもなお、生き続けることができました（生き埋めにされたとき、いつも通りに呼吸していたら、おそらく窒息死してしまうはずです。棺桶の中の空気だけでは、せいぜい五時間ぐらいしかもちません。また、生き埋めのパニックで過呼吸になれば、酸素はもっと早くなくなってしまうでしょう）。その後アンジェロは回復し、人生を全うしただけでなく、棺桶に無線送信機とトイレを備え付けた〝安全棺桶〟まで考案しています。

でも、よかったですね。二一世紀の今ならば、植物状態に陥ったとしても、すぐに埋められることはありません。その前に、あなたがちゃんと本当に死んでいるかどうか、何通りもの方法で確かめることになっています。ただ、〝厳密には死んでいな

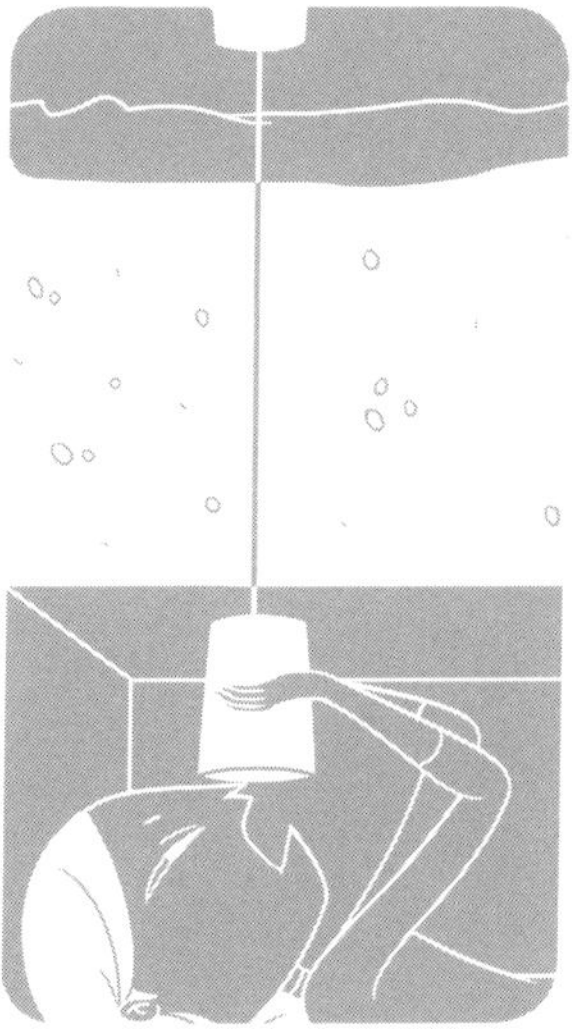

い〟と証明される結果になったとしても、あなた自身や家族にとっては、たいしたなぐさめにはならないかもしれませんが。

テレビや各種メディアでは、よく〝植物状態〟と〝脳死〟が混同されています。「クロエのことは本当に愛していたんだ。なのに、彼女はこれからもずっと植物状態のままで、目覚めることはないだろう。彼女の生命維持装置を外すべきかどうか、決めなければいけない……」――こんなハリウッド的な医療シーンだと、植物状態も脳死と同じように、死が間近に迫っているように思えますよね。でも、違うんですよ！

植物状態と脳死状態。どちらかがいいかと問われれば（もちろん、本当はどっちも選びたくないでしょうけど）、植物状態をおすすめします。脳死だと、回復する見込みがないからです。脳の上部は、記憶や運動、それから思考や会話といった機能を司っていますが、脳死になるとこうした機能だけでなく、脳の下部が司る、生きるために欠かせない不随意機能――心臓を動かしたり、呼吸をしたり、神経を働かせたり、体温を保持したりする機能――までもが失われてしまいます。あなたが四六時中「生きていなきゃ……生きていなきゃ……」と気を張っていなくても生きていられるのは、脳が体の運動や行動の多くをコントロールしてくれているおかげなのです。ところが、脳死ではこういった機能が失われてしまうので、人工呼吸器やカテーテルといった医療機器に頼らざるを得なくなります。

脳死状態から回復することはありません。脳が死ぬということは、すべてが死ぬということです。脳死か脳死でないかの判定は、はっきりつけることができます。グレーゾーンはありません（脳の灰白質《グレー・マター》にからめたジョークです）。一方、植物状態であれば、法的にも生きていると見なされるでしょう。植物状態の脳はまだ機能しており、外部刺激に対する反応や脳波を測定すれば脳の活動がわかります。体は自発的に呼吸をしたり心臓を動かしたりしているので、うまくいけば回復し、意識を取り戻すこともありえるのです。

「そうなんだね。でも、植物状態のまま、ずーっと眠りっぱなしだったらどうなるの？いつかは生命維持装置が止められて、葬儀場へ送られるの？　意識を取り戻さないまま、棺桶に入れられちゃったりしないの？」

いいえ、大丈夫ですよ。ちゃんと検査をすれば、ただの植物状態なのか完全な脳死状態なのか、区別できますから。

例えば、次のような検査をして判定します。

- 瞳孔の反応を調べる。強い光を当てて、瞳孔が収縮するかどうかを確認します。脳死状態だと、瞳孔は開いたままです。
- 眼球の上を綿棒でこすって角膜反射を確認する。ここでまばたきをすれば、生きているってことですよ！

・咽頭反射を確認する。吐き気を催すかどうかを見るために、喉にカテーテルを入れたり出したりされるかも。死んでいれば「オエッ！」とはなりません。
・外耳道に冷水を注入する。これをおこなっても、目がキョロキョロ動かなければ、まずい状況です。
・自発呼吸があるかどうかを確認する。人工呼吸器を取り外してしばらくすると、ふつうは体内に二酸化炭素が溜まって窒息死しますが、もし脳が生きていれば、血中の二酸化炭素濃度が五五㎜Hg（水銀柱ミリメートル）に達した段階で、体に自発呼吸を促す信号が送られます。要するに、ここで自発呼吸が起こらなければ、脳幹が死んでいるということです。
・EEG（脳波図）検査をする。EEGで脳に電気活動が生じているかどうかを見れば生死がはっきりします。脳が死んでいれば、電気活動は見られません。
・脳の血流量（CBF）を確かめる。放射性同位体を血管へ注入後しばらくしてから、頭上に放射線測定器をかかげて、脳内に血液が流れ込んでいるかどうかを確認します。脳血流が確認されれば、脳死ではありません。
・アトロピンを投与する。生きていれば心拍数が上昇しますが、脳死状態であれば心拍数は変化しません。

脳死と判断されるには、数々の検査にひっかからず、無反応でなければいけません。また、脳死と判定されるには、二人以上の医師が脳死だと認める必要があります。こうして数々のテストと徹底的な理学的検査を経て、ようやく〝植物状態〟ではなく〝脳死状態〟だと判定されます。今はもう、そのへんの誰かに心臓を針で刺されたり、「私は本当に死んでいる」というメモを貼られたりすることはありません。

このように、脳がまだ生きているのに数々の検査をくぐり抜けて葬儀場へ送られてしまう可能性は、ひじょうに低いと言えます。それに、万一そんなことが起こったとしても、生きている人を死人と間違えるような葬祭ディレクターや解剖医なんて、私が知る限り、一人もいません。私自身、仕事で何千という遺体を見てきましたが、これだけは言わせてください。死んでいる人を見れば本当に死んでいるんだって、ちゃんとわかります。私が言っても、あまり安心できないかもしれませんし、科学的な答えにもなっていないかもしれませんが、それでも断言できます。あなたはそんな目に絶対に遭いません！　なので、もしあなたが「絶対に避けたい死に方リスト」を作っていたなら、《植物状態で生き埋めになる》の項目はもっと下のほうに移動してもいいと思います。そうですね、《電動車イスで大きな交通事故を起こす》の次に来るぐらいがちょうどいいんじゃないでしょうか。

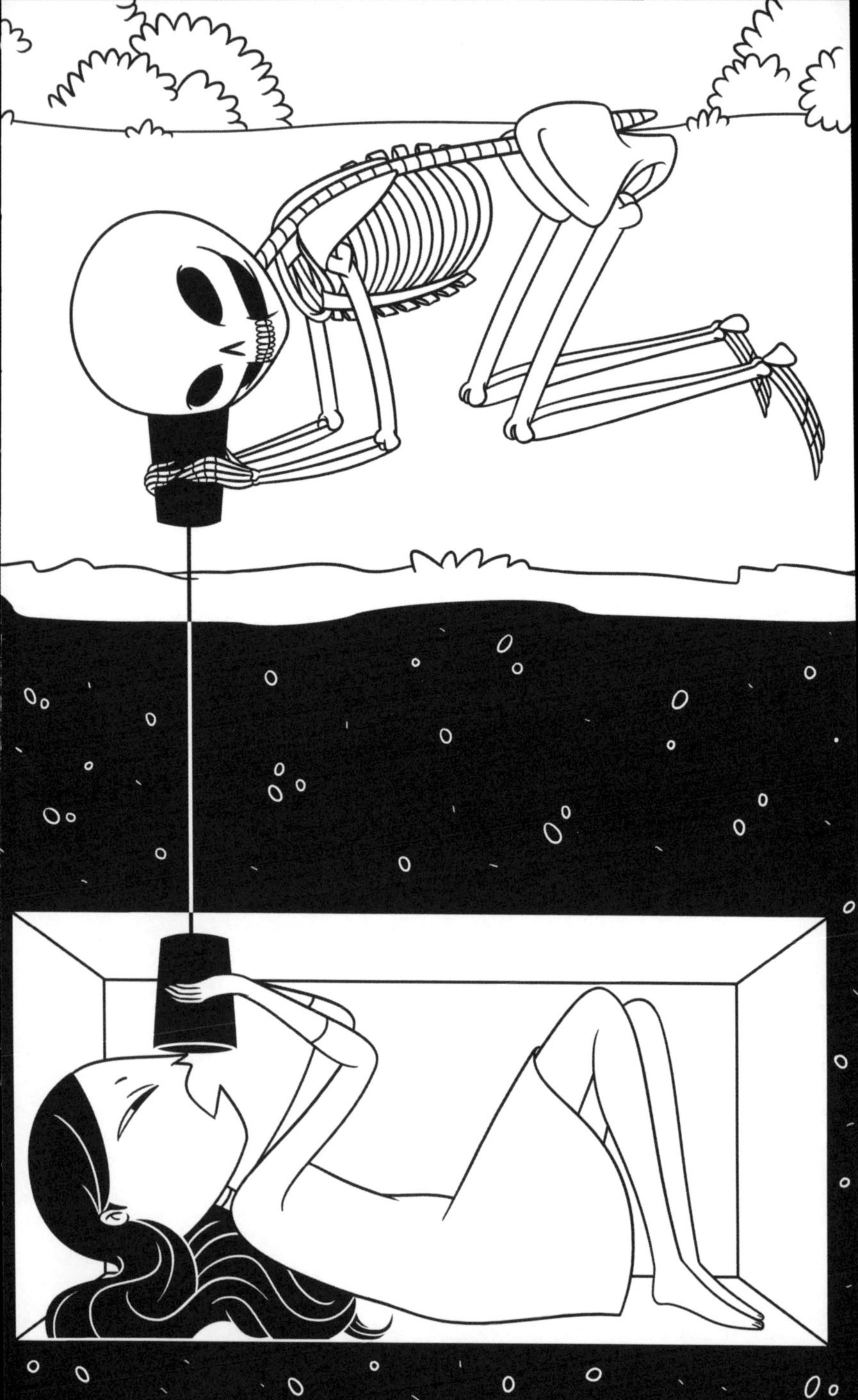

17 もし飛行機で死んじゃったらどうなる？

キャビン《C》アテンダント《A》は機体の非常口を開いて、パラシュートをつけた死体を外へ放り出すんです。あなたの氏名と住所、それに「ご心配なく。私はすでに死んでいます」と書いたメモをポケットに入れてからね。

（えっと、ごめんなさい。ファクトチェック担当者から、これは航空会社の公式な方針ではないとの指摘が入りました。）

もしあなたが飛行機内で死んだとしても、きっと墜落が原因ではないでしょう。飛行機の墜落事故はひじょうに稀で、あなたが巻き込まれる可能性は一一〇〇万分の一の確率です。こんなことを言うのは、私自身が墜落事故をめちゃくちゃ恐れているから。でも、実際にはまず起こりません。空の旅は安全なんです。

とはいえ、毎日八〇〇万人が飛行機を利用しているわけで、そのうちの誰かが心臓や肺の疾患、または中高年によくある慢性疾患のせいで亡くなったとしても不思議ではありません。無料のジンジャーエールを飲み終わって大西洋に差しかかったところで、突然ポックリと逝ってしまう可能性だって、ないことはないのです。数年前、私はロサンゼルスからロンドンへ向かう飛行機に乗っていました。チキンティッカマサラのディナーが済んだあとのこと。隣に座っていた男性がチキンティッカマサラをゲボッと吐いたかと思ったら、通路に倒れ込み、そのまま動かなくなってしまいました。「ヤバい。これは、訓練なんかじゃない！」そう思ったのですが、葬儀屋の私にできることと言えば、ロンドンに到着するまで死体の横に平然と座っていることぐらいで、こんな場合にはあまり役に立てそうにありません。幸い、機内には医師がいました。彼女のおかげでその男性は意識を取り戻し、残りのフライトをファーストクラス席で過ごすことになりました（そして私はチキンティッカマサラのゲロ臭いエコノミー席に戻ったのです）。

CAは、医療上の緊急事態なのか、それとも死者が出たのかによって、対応を変えます。乗客の命が助かる可能性があれば、飛行機は行き先を変更し、病院と医療スタッフのいる一番近い空港に着陸しようとするでしょう。ですが、もしその乗客が死んでしまったら？　まあ、死んでしまったのなら、ボラボラ島に到着するまで待ったって一緒です。急ぐ必要なんてありませんよね？

もし、あなたがその人の横に座っていたとしたら、隣り合わせた人が死人になるという、まぎれもなくシュールな体験ができます。きっとあなたはCAにこう言うでしょう。

「あの、すみません。お忙しいところ申し訳ありませんが、到着するまでの五時間ずっと、死体の横に座ってなきゃいけないんでしょうか？」と。もし、死体が通路側の席で、あなたが窓側の席に追いやられていたら、余計に居心地が悪いことでしょう。でも、大丈夫。CAはすぐに遺体をどこかへ移動させてくれるはず……ですよね？

それがそうでもないのです。遺体はあなたの横に座ったままになる可能性が高いでしょう。

かつて空の旅がもっと華やかなりし時代には、航空会社はある程度空席を残すようにしていたので、どこかの一列を死体専用に割り振ることができました。ところが、よく飛行機に乗っている人ならご存じの通り、最近の航空会社はきっちり満席になるまで人を詰め込みます。そこに死人が出たら？　例の青いゴワゴワの毛布で死体を覆ってから座席のシートベルトを締めて、ハイ、一丁上がり。CAの仕事はこれで終わりです。

「機内のどこかに、死体を安置しておける秘密の場所があるんじゃないの？」そんなふうに思ったあなた。失礼ですが、飛行機に乗ったことはありますか？　機内は

ギュウギュウのすし詰め状態ですよ。トイレも選択肢には入りません。着陸の際に遺体が床に倒れ込んでしまったら、トイレのドアが開かなくなりますから。もし三時間以上のフライトならば、死後硬直が始まってしまって、移動させることすら難しくなるかも。そのうえ、亡くなったおばあちゃんをトイレに押し込めておくなんて、ちょっと失礼な気がします。そうなると残る選択肢としては、①（空いている列があれば）別の席へ移動させる、②（他に空席がなければ）あなたの隣に座らせておく、③奥のギャレー内に置いておく（ギャレーは飲み物のカートが出てくるところです）、のどれかになるでしょう。このなかでいちばん理想的なのは、CAがギャレーに遺体を運び、見えないように覆ってからカーテンを閉めておいてくれることでしょう。

むかしむかし（といっても二〇〇四年頃）、シンガポール航空は、あるようでなかった、死体用の収納棚を実際に導入しました。飛行中に死者が出たこともあって、シンガポール航空は「そういった悲劇によって生じるトラウマを取り除く」べく行動を起こしたのです。こうして、エアバスA340-500には死体専用の収納棚——着陸時の衝撃で体が飛び上がらないようにする固定ストラップ付き——が設置されました。この特別仕様機が運航されたのは、シンガポールからロサンゼルスまでの一七時間フライトという、当時の世界最長路線。しかも、この飛行ルート上には着陸できる飛行場がほとんどありませんでした。残念ながら、このエアバスは後に運航が廃止になり、画期的だった死体用の収納棚もなくなってしまったのですが。

　きっとあなたは、死体と空の旅を楽しむなんて無理だと思っていることでしょう。死体が全然気にならない私でさえ、何時間も見知らぬ死体の横に座っているのは、できれば遠慮したいくらいですから。でもね、あなたが飛行機に乗っているとき、往々にして死体も一緒に乗っているって知ったら、少しは気が変わるでしょうか。ただ、気づいていないだけなんですよ。荷物と一緒に積まれている、貨物室内の死体のことを。死者たちは常にあちこち移動しまくっています。仮に亡くなったのがカリフォルニア州の住人だったとしても、その人がミシガン州での埋葬を希望しているとか、休暇でメキシコに来ていた人が亡くなって、住んでいたニューヨークへ戻るとか。私が運営している葬儀社でも、こういったケースはよくあります。そのような場合、私たちは遺体を超頑丈な飛行用ケースに納め、空港で引き渡し、空の旅へと送り出します。どこ行きの便であっても、機体の下部には特別な乗客が積み込まれているかもしれないのです。

　ここで最後のお知らせを。CAたちによれば、実際に機内で亡くなる人はいないことになるようです。フライト中に誰かが死ぬような事態になれば、CAには大量の事務処理とともにいろんな面倒がどっと押し寄せます。感染症を考慮して、着陸後はその便に乗っていたすべての乗客・乗務員に対して隔離措置がとられるかもしれません。それに、万一機内で犯罪行為があったということになれば、警察の捜査中は飛行機の運行ができなくなることも考えられます。飛行機の乗り継ぎだけでも大変なのに、そこへドラマ『ロー&オーダー』のような事件が、座席32Bで起こったとしたら、いったいどうなってしまうのか。そこでプロトコルでは、医療スタッフによる死亡の確認は、飛行中ではなく着陸後におこなうことになっているのです。CAは医師ではないので法的な死亡判定は下せない、というわけですね。確かに、その乗客は数時間呼吸をしていませんし、死後硬直も起こしていますが、それが何だっていうんです?

もし飛行中に誰かが死んでしまったらどうなるか、ここまでくれば、もうおわかりですよね。東京までのフライト中ずっと死体の横に座っているのは、あんまり楽しいものではないでしょうが、個人的には、ずっと泣き叫んでいる赤ちゃんよりは、静かな死体のほうが気楽です。ごめんなさいね。赤ちゃんたちに悪気があって言っているわけではないんです。ただ私は死体と一緒にいることに慣れちゃってるものですから。

18

墓地に埋められた死体のせいで水がまずくならない？

ちょっと聞き捨てなりませんね。　細長いグラスに注がれた、おいしい死体水。それの何が気に入らないというのですか？

はいはい、わかりました。自分が飲む水道の近くに死体が埋められているのは誰だって嫌なもの。たしかに、気持ちが悪いですよね。死に対してまったく偏見をもっていない人だって、そう思うでしょう。世界のどこかでは水道が死体で汚染されているって、聞いたことがありませんか。その代表例が、コレラです。誰に聞いても絶対にかかりたくないって言う病気です。コレラの感染源は主に排泄物。コレラ菌が小腸に入り込むと、何日間もぶっ通しで、水のようなひどい下痢に襲われ、治療をせずに放っておけば死に至ることもあります。そんなシャーシャーの下痢便が水道に入ってしまったら、汚染された水道水でコレラはさらに広がってしまいます。今も世界では毎年四〇〇万人が罹患しているコレラですが、なかでも、きれいな飲料水が手に入らない貧困地域での広がりが目立ちます。

では、コレラ感染に死体はどう関係しているのでしょうか？　そうですね、西アフリカのような地域では、死体がコレラの感染源となり、大流行を引き起こしているのですが、人々はそのことに気づいていません。愛する家族の誰かがコレラで亡くなったとき、親族たちは遺体を洗い、身なりを整えます。（コレラ菌に汚染された）便が死体から漏れ出していますが、それが水の中に入り込んだり、あるいは遺体を洗った人がコレラ菌のついた手で食事を準備したりすると、お葬式でふるまわれる水や食事が汚染され、あっという間に感染が広がるのです。

なんとも恐ろしいことです。でも、ここでひとつだけ、はっきりさせておきたいことがあります。死体が感染源となるのは、（コレラやエボラ出血熱といった）極めて特殊な感染症に限られます。こういった感染症は、現在のアメリカ合衆国やヨーロッパではひじょうに稀です。エボラ出血熱で死ぬよりも、パジャマに火がついて焼け死ぬ確率のほうが高いくらい。公衆衛生システムや排水処理システムも整備されており、コレラ菌は無力化されてます。私たちはひじょうに恵まれているわけですね。亡くなった人の死因が、がんや心臓麻痺、バイク事故などであれば、遺体を洗ったり身支度を整えたりした手で食事や飲み物を用意したとしても危険はないでしょう（とはいえ、死体に触れたかどうかは別として、食事を準備する前にはちゃんと手を洗いましょうね）。

では、もし水道管の中に死体があったら？　ここは、あえて極端な例にしてみました。

死体があるっていうだけでも気持ちが悪いのに、人の死体やスカンクの死骸が水道管に浮いているなんて、誰だって嫌ですよね。でも、墓地に埋まっていたらどうでしょう？　死体は土の中で腐敗していきますが、その土の中から地下水をくみ出して使っている地域もあります。腐敗なんて聞くとゾッとしますね。飲み水の近くに腐りかけの死体があるなんて、ありがたくない話でしょう。

そんな疑問に答えてくれるぴったりの研究がありました。

腐敗の見た目は（もちろんにおいも）気持ち悪いですが、死体を分解する細菌自体に危険性はありません。細菌といっても、すべてが悪者というわけではないのです。死体を分解してくれるのはフレンドリーな細菌で、病気の原因にはなりません。ただ、死んだ人をモリモリ食べているだけです。

では、土葬された死体はどうなっていくのでしょうか。研究者たちは、墓地周辺の水や土壌の中にある分解生成物を調査して、死体がどうなっていくのかを調べます。もし深さ三〇～六〇センチ程度のところに埋められていて、死体に化学的な防腐処理が施されていなければ、腐敗はひじょうに早く進みます。栄養分の豊富な土壌は〝分解期間を短縮してくれる浄化装置〟のようなもの。それだけでなく、地表近くの土は、汚染物質が水源のある地中深くまで浸み込むのを防いでくれます。ですから、前に述べたようなひじょうに感染力の強い病気でない限り、水は安全です。

本当のことを言えば、死体を自然に腐敗させておくよりも、防腐処理を死体に施すほうが、環境にはよっぽど悪いのです。アメリカで死体を埋葬するときは、防腐処理を施し、分厚い堅木や金属でできた棺に納めてから、地下一・八メートルの深さに埋めることが多いと思います。地中深くに葬るほうが、死体だけでなく生きている私たちにとっても、なんとなく安全に思えるからでしょう。ところが地下水にとっては、死体そのものよりも金属やホルムアルデヒドや医療廃棄物のほうがよっぽど有害になることがあります。

例をあげましょう。今もなお、南北戦争の兵士たちが攻撃をやめていないことを知っていますか？　攻撃対象？　水道です。妙なことを言うと思うでしょうけれど、本当なんです。南北戦争では六〇万人以上の兵士たちが亡くなっています。悲嘆に暮れた遺族たちは、遺体を故郷に連れ戻して埋葬したいと願ったわけですが、腐敗しかけた兵士たちを列車に詰め込んで送り返してもらうことなど、無理な話でした（苛立った列車の車掌たちにとっては、論外だったはず）。鉄製の棺桶ならば鉄道会社も運んでくれましたが、そのような高価な棺を用意できる家族は、多くありませんでした。そこに登場したのが、死体防腐処理者《エンバーマー》と呼

ばれる新進気鋭の専門家です。彼らは軍隊にくっついてまわり、テントを張って、戦死者が帰郷途中で腐らないように防腐処理を行ったのです。その技術はまだ実験的ともいえるもので、おがくずからヒ素に至るまで、あらゆるものが使用されました。もちろんヒ素には問題があります。生きている人間に有害だからです。その毒性はひじょうに強く、がんや心臓病を引き起こしたり、乳児の発達障害の原因になったり……と、その影響は数えきれません。そして、南北戦争が終わって一五〇〇年が経った現在でも、その恐ろしいヒ素が南北戦争時代の墓地の土壌から滲み出てきているのです。

南北戦争の兵士たちが地中でゆっくりと腐敗していくとき、土壌と混ざり合った死体からはヒ素が出ています。その土が雨や洪水などで移動し、濃縮されたヒ素の塊が、近くの水道に流れ込みます。飲み水にヒ素が入っているというのは問題ですが、微量であれば、それほど危険性はありません。しかし、アイオワ州のアイオワシティにある南北戦争時代の墓地で行われた研究では、近隣の水道水から安全基準とされる値の三倍ものヒ素が検出されたのです。

むろん、これは兵士たちが悪いわけではありません。死体にヒ素を詰め込んだりしていなければ、彼らの体が腐敗しつつあったとしても、がんの原因になることはなかったでしょう。幸い、一〇〇年以上前からヒ素が使われることはなくなりました。ただ、ヒ素の代用品として使われているホルムアルデヒドにも毒性がないわけではありませんが。

まとめます。あなたが清めている死体の死因がエボラ出血熱やコレラでないのなら（ほぼ違うでしょう）、そしてもし、南北戦争時代の墓地のすぐ隣に住んでいないのなら（可能性は若干ありますがたぶん違うでしょう）、あなたの飲む水が死体によって汚染される心配はありません。

そうはいっても、死体が飲み水を汚染するのではないかという不安が、すべてなくなるわけではありませんよね。そこで、アクアメーションと呼ばれる新しい死体の処理方法をご紹介しましょう。火葬《クリメーション》についてはもう知っていますよね？　肉や有機物を炎で焼き、骨だけを残す方法です。一方のアクアメーションとは、水と水酸化カリウムを用いて、死体が骨になるまで溶かす方法のことです。アクアメーションは火葬よりも環境に優しく、貴重な天然ガスも使わずに済みます。ですが、水の中で死体が溶けるというイメージのせいで、恐怖にかられる人もいるようです。処理に使用した水は、まったく危険ではないものの、それを下水道へ流すと聞けば、余計に不安になるかもしれませんね。ちなみに新聞には次のような見出しで載っていました。《グラス一杯のおじいちゃんをどうぞ！》。そして小見出しはこう。《死者を下水へ流す計画》。ええ、本当にこのように新聞に載っていたのです。しかも、さらにがっかりしたのは、それが権威ある大手新聞社だったということ。ハァ…（呆れて）、どうかみなさんは、おじいちゃんの水を飲んだりしないでくださいね。

19 サッカーをする皮膚のない死体が展示されていたけど誰なの？

その説明だけで十分です。よくわかりましたよ。皮膚のない死体がサッカーのポーズをとっていたのなら、それは間違いなく《人体の不思議展》のことでしょう。一九九五年に東京で初めて開催された《人体の不思議展》は、もともと巡業の展示会で、アメリカでは二〇〇四年から巡業が始まりました（見逃さないで。あなたの町にも、陽気な死体軍団がやってくるかも！）。何百万もの人が足を運んだ、この展示会。科学や解剖学、死について知ることができるすばらしい機会だ、と大絶賛する声がある一方で、〝行き過ぎた資本主義のブレヒト風パロディ〟だと言う人もいます（これがどういう意味なのかは、私にもよくわかりませんが、とりあえずいい意味ではなさそう）。いずれにしても、切開されたお腹から胎児が見えている妊婦の死体や、セックスをしている男女の死体、サッカー中の皮膚のない死体などを目にすれば、これらの奇妙なプラスチック化した死体のことを、あれこれ考え続けてしまうはず。

とりあえず、ここでひとつ、はっきりさせておきましょう。そう、あれは紛れもなく、本物の死体です。いくつかの重大な例外はあるものの、そのほとんどは、本人の希望によって、死後に展示されることになったもの。これまでに約一万八〇〇〇人（その大部分はドイツ人）が、《人体の不思議展》へ献体することを申し込んでいます。また、展示会の出口にはドナーカードが置いてあり、献体の申し込みができるようになっています。申込者の中には、バレーボールの球に向かって飛び込んでいるポーズをリクエストした女性もいます。ただ、展示されている死体はすべて匿名になっているため、「あのエアギターを弾いているのって、ジェイクじゃない？」などと、誰がどの死体かを特定することはできません。

《人体の不思議展》の死体は、人類が最初に長期的に保存かつ安置するために処置した死体とはずいぶん違っています。死体の保存は、料理、スポーツ、物語や噂話と同じように、人類共通の娯楽に近いものなのかもしれません。中国からエジプト、メソポタミア、ペルーのアタカマ砂漠などの各地では、ハーブやタール、植物油といった天然原料の知識をもち、臓器を取り出し体の中身を空っぽにする技術を身につけた職人たちがミイラを作っていました。そしてルネサンス期になると、死体の血管へ直接液体を注入すれば、循環系のはたらきで体のすみずみまで液体が行きわたることが知られるようになり、これに

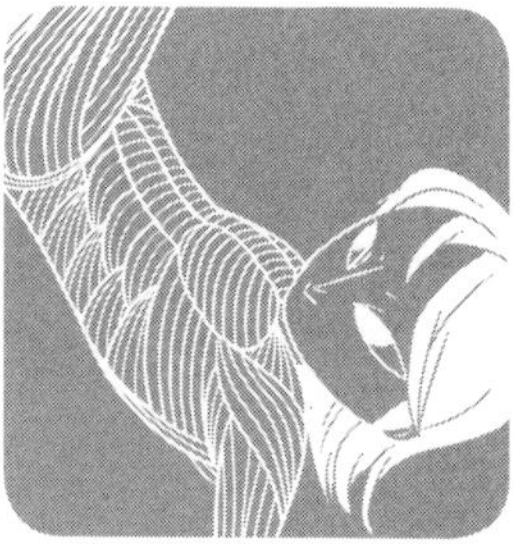

よって、より精度の高い保存方法が可能になりました。当時は、インク、水銀、ワイン、テレピン油、カンフル、硫化水銀《バーミリオン》、それからヘキサシアニド鉄（Ⅱ）酸鉄（Ⅲ）《プルシアンブルー》などが使われていました。

そして現代に生まれたのがプラスティネーション。《人体の不思議展》で使われている死体保存技術です。元々は学校の解剖標本を作る目的で開発されたのですが、その優れた精緻性ゆえに、死体を奇妙なプラスチックの人体像へと変化させることもできるのです。

もしあなたが献体を希望し、プラスティネーションを望んだら、そのプロセスは次のようになります。まず、体はホルムアルデヒド液に浸されてから、解剖され、乾かされます。その後、冷却したアセトン液のお風呂に漬けられ、体液やブヨブヨしている部分（水分や脂質など）が抜かれます。ちなみに、アセトンとは、除光液（エナメルリムーバー）の主成分です。よく、体の約六〇パーセントは水分だと言われますが、ここであなたの体の六〇パーセントは除光液になるわけです。

さて、ここからが本番です。アセトンをたっぷり含んだあなたの体は、シリコンやポリエステルといった液体樹脂の入った、真空装置付きの別のお風呂で茹で上げられます。真空力で、細胞中にあるアセトンを沸騰・気化させると、そこに液体樹脂が入り込みます。この段階で、誰か生きている人の手をちょっと貸してもらえれば……ほら、プラスチック加工されたあなたの死体だって、ポーズをキメることができますよ。

では、体を固めていきましょう。樹脂のタイプや使った量に合わせて、紫外線、ガス、熱を用いて硬化させると……はい、完成！　あなたは、バレーボールのレシーブのポーズをとったまま固まった、硬く乾燥した無臭の死体になりました。ちなみに、全身のプラスティネーションには、長ければ一年ほどかかり、費用は五万ドルにもなります。

この死体保存技術のパイオニア的存在が、ドイツ人のショーマン、グンター・フォン・ハーゲンス。自分のことを〝ザ・プラスティネイター〟と称しているそうですが、なんだかプロレスラーやB級ホラームービーを彷彿とさせる名前ですね。その彼がドイツで運営しているプラスティネーション協会では、彼が丹精込めて作り上げた作品を見ることができます。ですが、フォン・ハーゲンスの展示に自分の体を献体するつもりなら、彼がこれまでの仕事でいろいろとトラブルを抱えてきたことを知っておいたほうがいいでしょう。

彼は、死体の違法取引から利益を得ていたと言われているのです。死体を売る権利をもっていない、中国やキルギスタンの病院から死体を買っていたと。そこで亡くなった人は、まさか自分がサックスを吹くポーズや、剥がされた自分の皮膚をかかげもつポーズを永遠にとらされるなんて、思いもよらなかったことでしょう。《人体の不思議展》がこんな悪評とともに始まったことは、実に残念です。だって、この展示会に自分の体を喜んで捧げたいと思っている人は、実際にたくさんいるわけですから。

ところで、この《人体の不思議展《ボディ・ワールズ》》と、そのスピンオフ・バージョンである《ボディーズ・ザ・エキシビション》を間違えないようにしてくださいね。後者の公式サイトでは、「もとは中国警察当局から提供された、中国国民あるいは住民の遺体」および、同じ入手先からの遺体の一部、臓器、胎児が展示されていると述べられています。主催者側は、「中国の取引先の説明のみ」を信頼しているとし、「(死体が)中国の刑務所に投獄されて処刑された人のものでないかを独自に証明することはできない」としています。えっと、処刑された囚人……ですか。これは家族みんなで楽しめるレジャーになりそうですね。

というわけで、もしこのような(入手先についての情報が示されていない人体解剖標本の)展示会を見に行ったなら、あなたが目にしている体は、合法的に自ら望んで献体された遺体である可能性もありますが、自分の体がこんなふうに見せ物になってしまっておののいている人の遺体である可能性も同じくらいあるということになります。

最後にもうひとつ、人間の遺体の展示についての耳よりなお話を。実は、展示されている体の一部は行方不明になることがあるみたいですよ。二〇〇五年にロサンゼルスで開催されていた《人体の不思議展》では、謎の女性二人組がプラスティネーションされた胎児を盗んでいます。また、二〇一八年には、ニュージーランドの男性が、一瞬の隙をついて、展示されていた数点のつま先を盗み出しました。これらのつま先は、それぞれ三〇〇〇ドル以上の価値があったということです。なかなか値の張るつま先ですね。

20 死ぬときに何かを食べていたら消化される？

あなたが死んでも、ピザは消化されるかって？

それは難しいでしょうね。

死の訪れと同時に胃の活動がすぐにストップするわけではありませんが、消化スピードは確実に落ちます。

きっとこんな感じでしょう。インターネットで動画を見ながら、おいしいピザを一切れ食べていたあなたは、突然心臓発作を起こして死んでしまいます。このような場合、胃はすでにピザを消化している最中だと言えます。ピザをもぐもぐと噛んでいる行為、それは機械的にピザを細かく砕いているだけではなくて、唾液中の消化酵素と混ぜ合わせてもいるのです。噛むことで、ピザソースや生地、チーズは分解され始めています。そしてピザを飲み込むと、食道が伸び縮みし、おいしい酵素とチーズの塊が胃へ送られるのです。

もしあなたがまだ生きていれば、胃は胃酸を分泌して食べ物の消化に取りかかるでしょう。同時に、筋肉が自動的にはたらいて、食べ物を混ぜ合わせ、潰していきます。でも、死んでしまったら？　胃はもう胃酸を分泌したり、食べ物を潰したりできません。もはやピザを分解してくれるのは、死ぬ前に分泌されていた消化液と、消化管にいる細菌だけなのです。

では、あなたの死体が何日間も見つからなかったら、どうなるのでしょうか。あれ？　ピザの話の雲行きがなんだか怪しくなってきましたね。あまり想像したくないかもしれませんが、あなたは解剖されて、いつどうやって亡くなったかが調べられることになります。胃を開いたときに出てきたピザが、検死では頼みの綱になるでしょう。さて、どうやって謎を解き明かしていくのでしょうか。

仮に、ピザを頼んだのが火曜日の午後七時半頃で、遺体の発見が金曜日だったとすると、消化途中にあったピザの状態と位置から、食後にだいたいどれくらい生きていたのかがつかめます。胃の中に残っていたピザがほとんど消化されていなければ、食事をとった直後に亡くなったということです。一方、もしピザがペースト状になって消化管まで順調にたどり着いていたならば、消化する時間が十分あったと考えられるので、食後からしばらく時間が経過した、夜の遅い時間に亡くなったことが想定されます。こういったことが〝死んでからどれくらいの時間が経ったのか〟、つまり死後経過時間を特定する目安となるのです。

誤解のないように言っておきますが、胃の中のピザの状態だけで正確な時間が導き出せるとは限りません。解剖すれば胃の内容物からだいたいのことはわかりますが、消化に影響を与えるほかの原因についても調べる必要があります。たとえば、薬は飲んでいたか、糖尿病ではなかったか、食べた物は固形物だったのか、それともスープやおかゆのようにドロドロしていたのか。こういった条件によっても結果は左右されるのです。検死解剖では、未消化のガム（意外とよくあるケース）から、消化されなかったものが固まってできた胃石（グーグル検索しないほうが身のため）に至るまで、胃の中に残っているありとあらゆるものが調べられます。しかし、それだけではありません。腸までも調べられるのです。腸を切り開くのはさらに大変ですし、もちろん気持ちのいいものでもありません。解剖医は腸（伸ばすとバスと同じくらいの長さになります）を取り出してシンクの上に置くと、それを縦に切り開きます。友人の解剖医いわく〝腸を伝線させる〟そうです。それから、グニョグニョの腸管をよく調べていきます。さて、何が見つかるでしょうか。すりつぶされたピザの残りかす？　ウンチ？　医学的には正常と思えない何か？

それは、解剖してみなければわかりません。〝何が出てくるかは、お楽しみ！〟というわけです（つくづく解剖

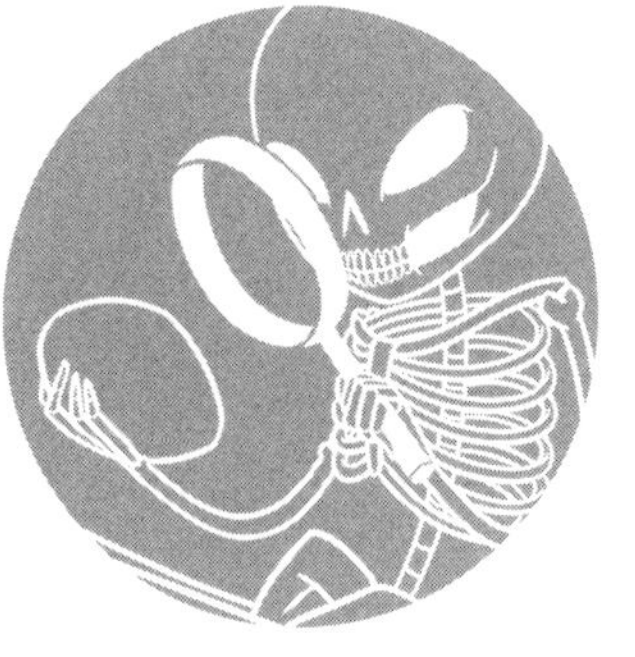

医じゃなくてよかったと思います。葬儀屋なら、こんな〝お楽しみ〟を見ずにすみますからね）。

ただ、覚えておいてくださいね。もしピザの配達が午後七時半だったことを示すレシートがなく、ただ未消化のピザが残っていたというだけでは、死亡時刻を特定することは難しいでしょう。たとえば、私は今日の午前十時に残り物のピザを食べています。そして午後三時にも。そして、今もまたピザを食べるかもしれません（別にいいでしょ？）。でも、解剖医には私がいつピザを食べたのか、わかるはずがありませんよね。ですから、胃の中にあるピザの状態だけでは、私がいつ死んだのかを特定する決め手にはならないのです。

胃の中の未消化のピザは、死亡時刻の特定にあたっては心強い存在ですが、遺族との対面に備えてエンバーミングをするときには厄介な存在になります。胃の中にピザが丸々入っているということは、食べ物がそこで腐りかけていることを意味しています。エンバーミングとは死体を腐らせないようにする技術ですが、その努力をぶち壊すかのように、胃の中でピザが腐っていくのです。そこで登場するのが、トラカールという器具。トラカールは、エンバーマーが死体の腹部――ちょうどおへその下あたり――に刺す、大きくて長い針のようなものです。ここから肺や胃や腹部に管を通し、中にあるものを吸引するのです。たとえば、ガスとか体液とか便とか……そうそう、ドロドロになったピザなんかも。

トラカールで胃の中の食べ物を吸引するなんてやめてほしい？　遠い未来のいつの日か、未来の人々に、私たちが何を食べていたのかを知ってもらう手掛かりとして、胃の中の食べ物を残しておきたいからですって？　なるほど。エッツィの例もありますからね。ほらあの、オーストリアとイタリアの国境で二人のドイツ人登山者が発見した、五三〇〇歳になるミイラ、アイスマンのことですよ。研究者が彼の胃の内容物を調べたところ、エッツィが背中を矢で射られて（なんて卑劣な！）死んでしまう前に食べた、最後の食事がわかりました。な、なんと、食べていたのはピザではなく、肉（アイベックスとアカシカ）、ヒトツブコムギ、それから〝微量のワラビ〟でした。研究者たちが想定していたよりも、エッツィは脂肪分の多い食生活を送っていたようです（たしかに脂肪はおいしいですもんね！）。エッツィは、食べ物が消化される前に死んだため、彼の胃の残留物から、五三〇〇年前の生活様式や食生活といった貴重な情報を知ることができたのです。遠い将来、もしかしたらあなたの胃からはチーズクラストピザとかチーズ風味のスナック菓子が発見されて、現代の私たちに関する貴重な情報を残してくれるかもしれません。

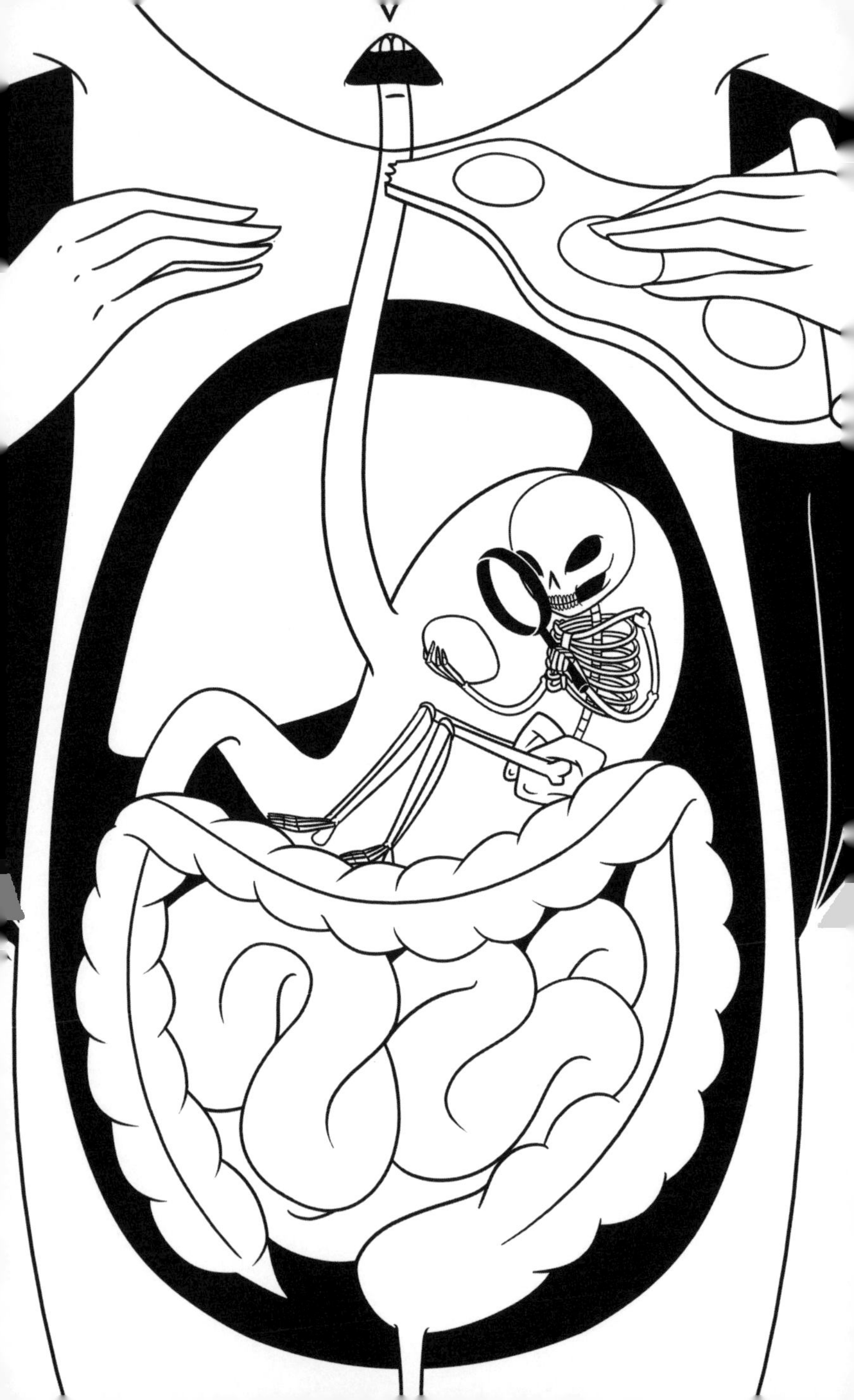

21 棺桶のサイズはみんな同じなの？ めちゃくちゃ背の高い人はどうなる？

ええ、もちろん棺桶に納まりきらない人だっています。そうなると、私たち葬儀屋が何とかしなくちゃいけません。これも仕事の一環ですし、ご遺族は私たちを頼りにしてくれていますからね。もし、どうしても無理ならば最後の手段。棺桶のサイズに合わせて、足先を切断しなくちゃいけません。

……って、ウソですよ！　背が高いからって、そんなこと、するわけないじゃないですか！　どうしてみんな信じちゃうんでしょう？

足を切断するなんていう噂は、ただの都市伝説……と言いたいところでしたが、悲しいかな、そんな噂を否定できなくなったできごとが二〇〇九年、サウスカロライナで起こりました。事の発端は、身長が二〇〇センチの男性が亡くなったこと。二〇〇センチは確かに長身ですが、標準的な棺桶サイズから考えると、それほど問題になるとは思えません（このことについては、後ほど詳しくお話しましょう）。ともかく、彼の遺体がケイブ葬儀社に運ばれたことから悲劇は始まりました。

遺体は、この葬儀社に着いてからすぐに「なんてこった！　どうしてそんなひでぇことを!?」というような状態になっちゃいます。ケイブ葬儀社では、オーナーの父親が雑用をすることがありました。遺体の清拭や着替えだったり、棺に納めたりするようなことですね。この親父さんの話によると、彼はその日、納棺の責任者として、男性の遺体のふくらはぎから先をチェーンソーで切断し、その切断した足を胴体の横に置くことにしたそうです。そして、そのまま、棺桶の男性の上半身だけが見えるようにして――むろん、全身は見せられませんからね――通夜を行いました。彼の所業がバレたのは、なんとそれから四年後のこと。葬儀社の元従業員が内幕を明かし、遺体が掘り起こされることになったのです。棺桶を開けてビックリ。切断された足は、まだ遺体の側にきちんと添えられたままでした。

　そもそも、足を切り落とすなんて、まったく意味がわかりません。このニュースを聞いたときは耳を疑いました。だって、葬儀社で働く者が遺体の足を切断するなんて、信じられませんでしたから。もとより常識では考えられないことですし、プロとしての倫理にも反しています。たとえ、亡くなった男性の妻から「お願いです、どうか、彼の足を切ってください！　切断していただかなければ、私の気持ちがおさまらないのです」と哀願されたとしても、そんなことをすれば、ただではすみません。そ

う、お察しの通り、死体が傷つけられないように守る法律、《死体の悪用》法を破ることになるわけですから。それに、後始末だって大変です。まあ、後始末はさほど重大な問題ではないでしょうが、いちおう考えておかなくては。

正直に言って、いちばん納得できないのは、遺体が棺桶に納まらなかったという点です。二〇〇センチというのは、棺桶のサイズから考えても、めちゃくちゃ大きいというわけではありません。アメリカで標準的な棺桶のサイズならば、二〇〇〜二一〇センチくらいの人なら納められるはずです。もし、葬儀社に小さいサイズしかなかったとしても、大きいサイズを注文することだって簡単にできたはずですし、小さいサイズでも、内側のクッションを取り外して、足が伸ばせるくらいのスペースを作ることはできたはずです。そういった選択肢よりも、男性の足を切り落とすほうが理に適っていると判断する状況だったということ自体が、信じられないのです。

とはいえ、もし亡くなったのがめちゃくちゃ背の高い、たとえば元プロバスケットボール選手でNBAの史上最高身長記録保持者の一人、マヌート・ボルくらいだったら、どうなるのでしょうか。二三一センチのボルより背の高い人は……うーん、あまりいないでしょうね。それに彼の指極《ウィングスパン》（両手を左右に広げたときの、片方の指からもう片方の指までの寸法）は、驚愕の二五九センチ。彼ほど背の高い人が入れる棺桶なんて、あるのでしょうか？

単刀直入に言えば、どんなサイズでも棺桶を作ることは可能です。ただし、〝特大サイズ〟の値段は高くなります。不公平に思われるかもしれませんが、葬祭業界のしくみ上、そうなってしまうのです。私が耳にしたところでは、二四四センチの人でも大丈夫な棺桶もあるそうです。インターネットでちょっと検索してみれば、標準よりも大きめのサイズの棺桶を作っている会社は、すぐに出てくると思います。

身長が二三〇センチ以上になると、注文を受け付けてくれる会社は多くないかもしれませんが、あなたの体格にぴったりの棺桶をオーダーメイドできる会社もあります。将来的には、どんな遺体のサイズにも合うように、棺桶の幅や長さを大きめにして生産することだって可能かもしれません。インターネットで検索したら、DIY用の棺桶設計図がダウンロードできるサイトまでありました。棺桶を手作りしてみる、というのもアリでは？

もちろん、遺体の身長が極端に高い場合、埋葬に際しても問題は起こりえます。あなたがマヌート並みに背が高くて、しかも、アメリカの一般的な墓地——きれいに刈り込まれた芝生の間に、墓石が整然と並んでいるようなところ——に入りたいと思っているのなら、そのお墓の区画サイズを確かめておいたほうがいいかもしれません。というのも、お墓の区画は、たいてい〝標準的な体格〟サイズになっているからです。また、こういった墓地の区画では、地面を平らに保つために、棺をグレーヴ・ライナーやヴォールトと呼ばれるコンクリート製の保護容器に入れて埋めます〔訳注：日本では、墓石の下の納骨室（カロート）へ火葬後の骨を納めるのが一般的）。この保護容器もたいていは〝標準〟サイズに合わせて作られているので、あまりにも身長が高くて一区画で収まらなければ、二区画以上購入する（加えて、保護容器もオーダーメイドする）ことになるかもしれません。

ここまでしないといけないなんて、なんだかやりきれない気持ちになってきますね。でも、身長が二三〇センチ以上の人は、これまでも、世間一般の〝標準〟や〝平均〟という枠にほとんど当てはまらない人生を送ってきているはずです。言うなれば、靴からシャワーヘッド、ドア枠、デニムパンツに至るまで、自分のサイズに合うものを何とかして見つけてきたのではないでしょうか。ですから、そんな人にしてみれば、これまでオーダーメイドしてきたもののリストに、あとふたつ――特大サイズの棺とふたつ分の埋葬区画――を追加するだけ、という感じなのかもしれません。

あるいは、オーダーメイドするのをやめて、自然葬を選ぶという手もあります。無漂白の綿布でくるんでそのまま土に埋めるだけですから、おそらくこれが一番簡単な方法でしょう。自然葬ができる墓地なら、墓穴も身長に合わせて長めに掘ることができますよ。棺も保護容器も不要ですしね！

では、火葬の場合は？　火葬場で働いた私自身の経験や、他の火葬技師の意見をふまえて言いますと、火葬で背の高さが問題になることはあまりないと思います。最新型の火葬炉ならば、身長二一〇センチでも大丈夫ですし、二七〇センチ以上でなければ特に問題にならないでしょう。おそらく、そういった最新型の炉では、歴史上最も背の高い人物と言われるロバート・ワドローであっても火葬できたはず。ロバートが亡くなったときの身長は二七二センチでしたが、火葬ではなかったので、棺は特注品だったと思われます。記録によれば、棺の長さは三メートル以上あり、重さは四〇〇キロ以上にもなったそうです。

もし身長が伸びて二一〇センチに近づきつつあるなら、生きているうちに（死んでからでは間に合わないので）棺と埋葬区画についてリサーチしておくことをおすすめします。家族や友人たちとも相談しておき、いざというときに葬儀社とのやりとりがスムーズにいくように準備しておきましょう。「葬儀社には、ぼくの身長が二〇八センチで、体重は一八八キロあるって伝えておいて。びっくりさせたら悪いから」というように、具体的に伝えておくといいですね。そうしておけば、何か問題が起こったときでも家族は自分たちの権利を主張でき、あなたの遺体を守ることができますから。

もし、依頼した葬儀社が、背の高い遺体の扱い方や、オーダーメイドできる棺桶の存在を知らないようならば、本当に彼らがちゃんとした葬儀社なのかどうか、調べてみたほうがいいでしょう。担当者のトレンチコートをめくってみたら、ブレーメンの音楽隊みたいに八匹のチワワが乗り重なっているだけだった……なんてことにならないように。ちゃんとした葬儀社なら、たいていの要望には応えられるはず。チェーンソーのあんな斬新な使い方をしなくても、必ずほかに方法はあるものです。

22 死んだ後でも献血できるって本当？

生命と血液は、切っても切れない間柄。ですから、輸血を考えたときに、「ぜひ死体の淀んだ血液がほしい！」と思う人は少ないのでは？　ただ、喉から手が出るほど血液を必要としている人なら選り好みなどしていられないでしょう。それに実際のところ、死者からの献血は意外と安全で有用なのです。

一九二八年、ソビエト連邦（当時）の外科医V・N・シャーモフは、死体から取り出した血液で死にそうな患者を救えるかどうか調査することにしました。シャーモフはまず、犬を使って実験を始めます。この動物実験もやはり、ほかの動物実験と同じように――虐待に近いものでした。

シャーモフの実験チームは、生きている犬の循環血液量の七〇パーセントを抜き取りました。言い換えれば、血液の四分の三近くを取り去ったのです。それから、温めた生理食塩水を入れて残り少なくなった血流を流し出し、瀉血《しゃけつ》の値を九〇パーセントにまで引き上げました。これはもう死んでもおかしくないレベルです。

しかし、死と闘っている実験ワンちゃんにも、かすかな希望が残っていました。数時間前に殺された別の犬です。この死んだ犬の血が輸血されると、死にかけていた犬は魔法のように生き返りました。そしてその後も実験は重ねられ、血を取り出したのが犬の死後六時間以内であれば、輸血を受けた犬は元気になることがわかったのです。

ここから、輸血実験をめぐるイメージは、映画『ソウ』から『フランケンシュタイン』寄りになってきます。実験から二年後、同じソ連の実験チームは、死体から取り出した血液を人体に輸血する試験に成功しました。そして、それから三〇年間というもの、彼らは命を救う液体を死体から取り出しては、生きている人間に輸血するということを、のほほんと続けていました。一九六一年にはアメリカでも死体血を使った実験がおこなわれましたが、その実験をおこなったのがジャック・ケヴォーキアン。後に、安楽死を希望する患者の自殺をほう助して〝ドクター・デス〟と呼ばれるようになった人物です。

こうした一連の研究によって、死というものは、スイッチで明かりを消すように一瞬で切り替わる現象ではないことがわかってきました。死亡した――呼吸が止まり、脳波が真っすぐ平らなままになった状態（植物状態と脳死状態については、前の質問でもお話ししましたよね）――と言っても、そのとたんに体のはたらきがすべて止まってしまうわけではないのです。シャーモフ医師はこう述べています。「死体はもはや、死後数時間までは死んでいると考えるべきではないだろう」と。冷却保存された心臓は、死後四時間までなら移植が可能ですし、肝臓ならば一〇時間まで可能。腎臓はもっと長持ちして二四時間まで移植可能ですが、摘出後に適切な器具が用いられるならば、七二時間まで移植が可能な場合もあります。この時間のことを専門用語では〝冷阻血《れいそけつ》時間〟と言います。〝三秒ルール〟の臓器バージョンと言えば、わかりやすいでしょうか。

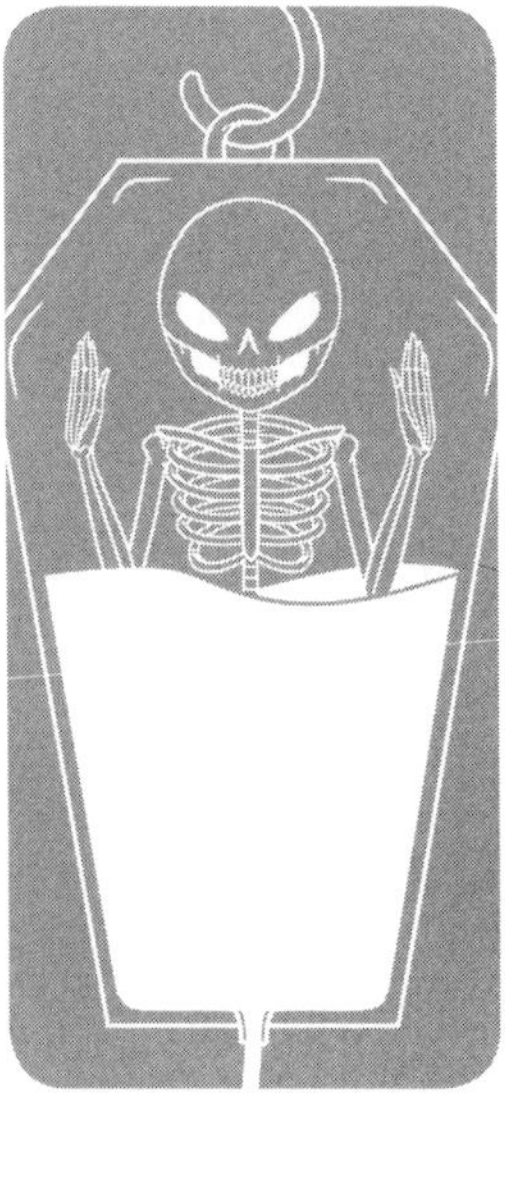

シャーモフ医師の研究結果によれば、亡くなったのが比較的突然で、体の健康状態が良好であれば、死後六時間以内の死体血は使用できるそうです。つまり、死体血の輸血は可能ということですね。もちろん、血液が薬物や伝染病に汚染されていなければ、ですけれど。心臓が止まってからも、白血球は数日間その機能を保持します。もし血液が無菌のままで状態もよければ、死体血を献血することに何ら支障はありません。

でも、死体からの輸血が可能なのに、あまり普及していないのはなぜでしょう？　それにはいくつかの理由が考えられます。まずひとつめ。正直に言いますと、死体からの輸血は、一度きりしか使えませんよね。生きているドナーならば、一年のうち何度も献血ができる（そしてドナーはタダでお菓子をゲットできる）ということに、医師たちは早いうちから気づいていました。献血ができるほど状態がよく、病気にかかっていない死体というのは数が限られていますが、生きている人に向けては、献血会を開いて献血を呼びかけることができます。献血センターは、何年もの間、繰り返し献血をしてくれる（生きている）リピーターを歓迎しているのです。

ふたつめの理由は、〝知らない間に死体血を輸血されていた〟ことに伴う倫理的影響です。生きている人から輸血してもらうほうが、問題が少なくてすみます。もし両肺をドナーから移植してもらったなら、その肺がどこからきたかははっきりしています（ここだけの話、亡くなった人からもらうんですよ）。でも、瀕死の状態で、輸血をすぐに必要としている患者さんというのは、意識もない場合が多いもの。そんな人に「亡くなった男性の首から流れ出てきた血液ですけど、こちらを輸血してもいいですか？」などと説明して同意をもらうのは現実的ではありません。

首から流れ出るといえば、本当にそんな感じなんです。血液を送り出している心臓は止まってしまっているので、死体血を取り出すのには、重力を利用しなくてはいけません。病理学者が死体から血液を抜く場合、首にある大きな血管を切り開いて、頭を下に向けるのがもっともシンプルな方法です。一方、アメリカの葬儀社では、たいていエンバーミングをしていると思いますが、その場合、重力よりももっと洗練された方法で血を抜いています。エンバーミング液を体内に注入すると、血液が押し出されてテーブルの上に流れ、排水されるシステムになっているのです。近隣の献血センターから献血依頼の電話を受けると、私はつい、エンバーミングの際に流れ出て、排水溝に吸い込まれていく血のことを思い出してしまいます。

そして、死体血が普及しない一番の理由。それは、死体血を輸血したという烙印《スティグマ》を押されてしまうから。でも、変と言えば変ですよね。だって、医療ではいつだって死体の一部が使われているのですから。私の友人は、死体のお尻から採取した組織を口の中に移植したのですが、同じ移植を受けている人はほかにも大勢いるようです。これは、歯ぎしりや健康上の理由で歯茎が下がってしまったときに受ける治療で、死体の臀部から取り出した細胞を移植し、歯茎を再生させるというもの。なぜか、死体のお尻はオッケーで、死体の血液はアウトなんですね。

ちなみに先日、赤十字に死体血の献血についての公式見解を問い合わせてみたのですが、今この原稿を書いている時点ではまだ返事がありません。

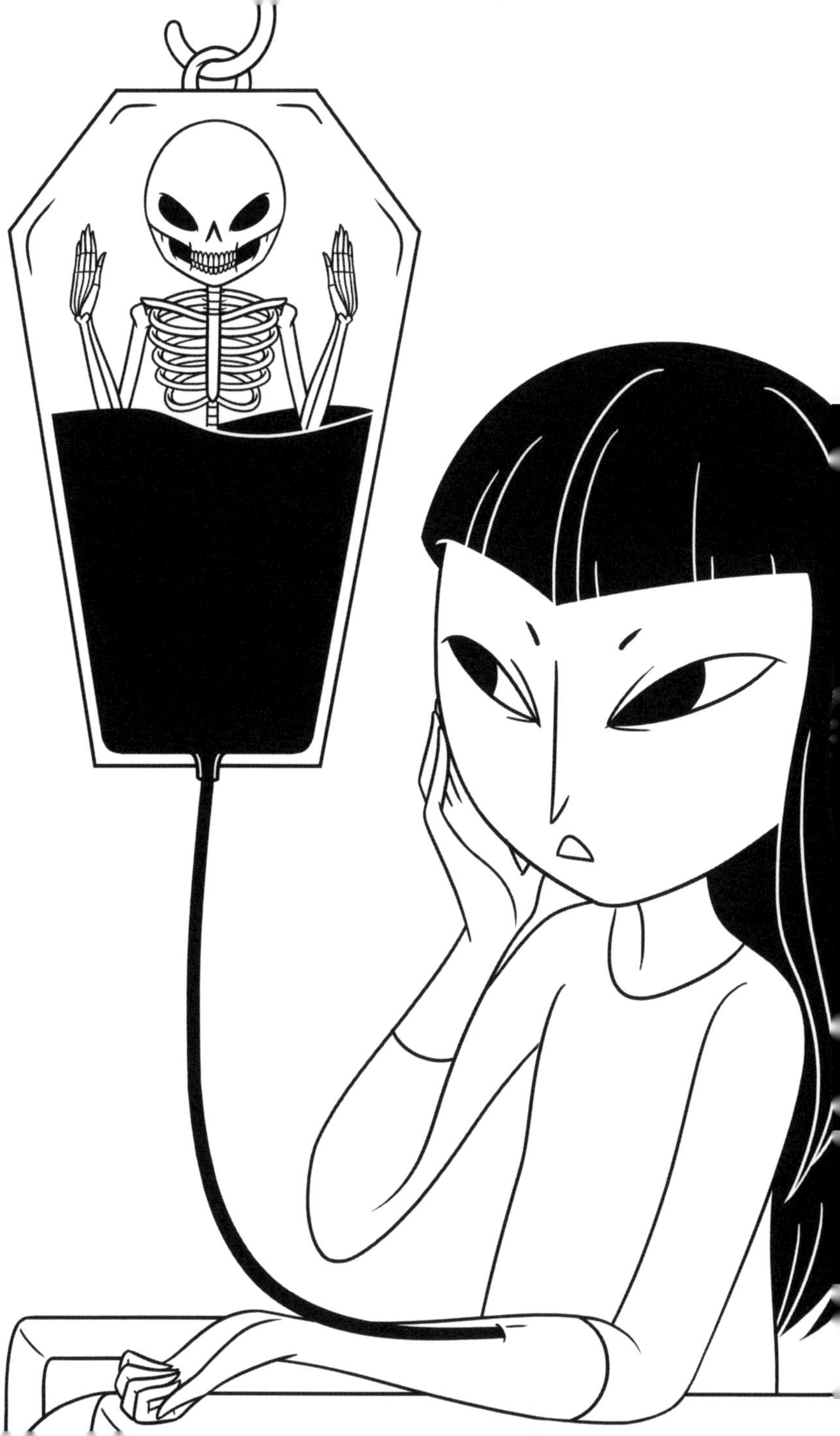

23 死んだニワトリは食べるのに、死んだ人間を食べないのはなぜ？

コくゴく思います。カニバリズム《人食い》という際どい質問をするのに、年齢なんて関係ないんだって。というわけで、さっそく人肉食の話題に食らいついていきましょう！

「なぜ死んだ人を食べないのかって？　だって、おぞましいことでしょう！　人の道にも反してるし！」――きっと、私がこんなふうに答えるんじゃないかと思っていませんか？　まあまあ、そんなに結論を焦らずに。あなたにとっては人を食べることが気持ち悪く思えるかもしれませんが、人類の歴史を振り返ってみると、死者の肉を食べるという慣習はよくあるのです。死者の肉や遺灰、あるいはその両方を、遺族、近隣の人々、その地域に住む人々が食すという文化もあります。ちょっと想像してみてください。みんなで火を囲んで亡くなったクロエ伯母さんの肉を焼いて食べるのが、ごく普通のことなんだと。

ですから、カニバリズムをしている他文化を批判するつもりはありません。が、現代の先進国では、人肉食というものが大きなタブーになっていることは周知の事実。人肉食は非道徳的なことであり、そんなことをするのは悪魔のような連続殺人鬼かドナー隊〔訳注：シエラネバダ山脈中で遭難した開拓民の一団。生き残るために人肉を食べたと言われている〕くらいのものだと私たちは考えているのです。

人肉を食べない理由は、ほかにもあります。ひとつには、人肉は入手するのが困難だということ。次に、人肉はそれほど栄養価が高いわけではなく、健康にいいわけでもないこと。

まず、ひとつめの「入手が困難」という点を見ていきましょう。人肉を食べるには、誰かに死んでもらわなくてはなりません。それに、死因が自然死であったとしても、「おいしそうだから」という理由だけで死体を自分のものにすることは、法律上許されません。

では、食べる目的で人肉を調達しようとすれば、どんな法律にひっかかるでしょうか。びっくりされるかもしれませんが、実はカニバリズム自体は法律にふれていないのです。人肉を食べることではなく、人肉を〝調達すること〟が、犯罪になります（たとえ亡くなった人があなたに食べてほしいと思っていたとしても、です）。その法律とは……あれ、どこかで聞いた気がしませんか？　そうです！　あの《死体の悪用》法ですよ！　死肉を食べるのは死体に対する冒とく行為であり、肉を切るのは〝バラバラ事件〟のようなものだというわけです。また、死体の窃盗罪に問われるかもしれません。盗みはやっぱりダメでしょう？　お母さんは亡くなった息子の遺体を一族のお墓へ埋葬したいと思っていたのに、気がつけば片方の足がなくなっていた、なんてことになったら大変ですからね！ではは仮に、死者を食しても死体の冒とくにはならないという設定であれば、どうでしょう。人肉はヘルシーだと言えるのでしょうか？

答えは、「いいえ」です。

一九四五年および一九五六年に二人の研究者が、献体された四人の男性の遺体を分析した結果、平均的な男性の肉はタンパク質と脂質を合わせて十二万五八二二カロリーになると算出されました。ところが、この値は、牛肉やイノシシ肉といった他の赤身肉と比べるとかなり低いのです。

（そう、人間は赤身肉なんです。）

とはいうものの、餓死の一歩手前で、生きるか死ぬかの瀬戸際にいるときには、人肉であっても貴重なカロリー源となるでしょう。たとえば一九七二年、ペドロ・アルゴルタの乗った飛行機はアンデス山脈に墜落しました。この墜落で亡くなった人もいます。飢餓に陥ったペドロは、亡くなった人の手や太もも、腕を口にしました。たしかに理想的な食べ物とは言えませんが、この飢餓の苦しみが七二日間も続いたことを考えてみてください。ペドロはこう述べています。「ぼくはいつも手か何かをポケットの中に入れていた。そして可能なときには、それをかじった。口の中に何かを入れておけば、栄養を得ていると感じられたから」。このような極限状態にいたペドロにとって、人肉がカロリーやタンパク源として最適だったかどうかなんて、どうでもいいことでした。彼はただ生き延びるためだけに食べていたのです。

エビデンスから見てみると、どうも人類は人肉食を（栄養的に）よい選択肢だとは考えてこなかったようです。イギリスのブライトン大学でおこなわれた考古学研究によれば、ネアンデルタール人やホモ・エレクトスといった私たちの祖先にはカニバリズムの傾向があったことがわかっています。ただ、彼らが食していたのは同種族であり、食用というよりは儀式的な行為だったようです。繰り返しますが、カロリー源として考えれば、人間などど三六〇万カロリーにもなるマンモス（しとめるだけの価値はありますね）の足元にも及びません。それに、人間から得られるカロリーの半分は脂肪由来なので、食べれば心臓に負担がかかります。私たち人間は、どこをとっても〝いいとこなし〟の食べ物なのです。

また、人を食べるメリットとデメリットを考えるときは、病気のことも気にしなければいけません。ええ、わかっていますよ。きっとこう言いたいのでしょう？「ちょっと、ケイトリン！　死体は危険じゃないって、しつこいほど言ってなかった？　死体から病気はうつらないとも言ってたよね？　いったいどういうこと⁉」

ええ、確かにそう言いましたし、間違ってはいません。誰かが病気で亡くなったとしても、その死体から病気が（死因となったものだけに限らず、ほかの病気でも）うつるというのは、考えにくいことです。ほとんどの病原体は、たとえそれが結核やマラリアを引き

起こすような質《たち》の悪いものであったとしても、人の死後はそれほど長く生きていられないのです。ただ忘れないでください。私は「死体を食べろ」なんてひと言も言ってませんからね！

あ、そういえば質問には死んだニワトリのことがふれられていましたね。それじゃあ、あなたは農場に住んでいるという設定で考えてみましょうか。暑い夏の日、あなたはめんどりたちにエサをやりに、飼育場へ行きました。すると、太っちょのめんどり、バーサが死んでいて、ひと晩そのままになっていました。まだはっきりとした腐敗の兆候は現れていないようですが、周りにはハエがたかってきています。バーサの体もなんだか膨れてきているみたい。そもそもバーサはなぜ死んだのでしょう。ゲッ、あそこに見えるのはウジ虫？

さあ、ここで自分に尋ねてみましょう。「食べたいと思う？」——おそらくノーですよね？

先進国に生きる私たちは、ウジ虫がわいていたり、病気に汚染されていたり、膨張したりしていない肉を好んで食べます（ただ、常にそうだとは限りません。文化によっては、腐敗肉を美味だと考える人もいます。私が個人的に好きなのは、ハカールという、サメ肉を発酵させたもの。アイスランドで人気の郷土料理です。サメを埋めて発酵させ、その後吊るして数ヵ月間乾燥させると、ほら、刺激臭のある腐ったごちそうのできあがり）。

　牛やニワトリといった、店でふつうに販売されているような肉は、人間が食べるためだけに殺されたもの。屠殺後、肉はすぐに洗浄され、冷蔵庫もしくは熟成庫で保存されます。菌が増殖したり、腐敗につながる自己融解が起こったり、変色したり、変なにおいが出たりしないようにするためです。スーパーや精肉店で売られているのは、そのへんで死んでいたニワトリや牛や豚の肉ではないのです。アメリカには、轢き殺された動物の肉が出回らないように取り締まる法律がたくさんあります。

　そもそも、人間は傷んだ肉とか病原菌に冒された肉を食べるのを得意としていません。私たちは新鮮で健康によい肉を好んで食べます。ですが、そんな肉に当てはまるほど健康で大柄で、しかも焼いて食べたらおいしそうな人が、目の前でぽっくり亡くなるなんてことは、ほぼありえません。亡くなる人は健康に問題を抱えていることが多く、〝おいしそうではないけれど、食べられないことはない〟というぐらいがせいぜいで、最悪の場合は口にしたら健康を害するケースだってあるかもしれません。また、こういう考え方もあります。たとえ、あなたが食べた動物が何らかの病気をもっていたとしても、それが人獣共通の感染症であるのは稀です。要は、人間以外の肉を食べたからといって、その動物の病気が人間にうつる可能性は、極めて低いのです（ただし、稀な例外としてエボラ出血熱は感染することがあります）。

しかし、人の肉を食べたのなら、話は別です。血液から感染するB型肝炎やＨＩＶといったウイルスに感染する可能性があります。動物とは違い、病気にかかった人の肉を食べた場合、あなたも同じ病気にかかってしまうかもしれないのです。

でもあなたはこう言うかもしれません。「大丈夫！　よく火を通して食べるから。きっとおいしいよ！」

いいえ、考え直したほうがいいですよ。

私たちのなかには、プリオンというタンパク質をもっている人がいますが、このプリオンは何らかの原因で異常なプリオンに変化することがあります。異常プリオンタンパクの形は崩れており、タンパク質としてきちんと機能していません。そして、他の正常なタンパク質に影響を及ぼすのです。また、ウイルスや細菌とは異なり、プリオンにはＤＮＡやＲＮＡがないため、熱や放射線で壊すことはできません。小さいながらも手ごわいプリオンたちは、脳や脊髄にとどまって病変を広げていき、カオス状態を作り出していくのです。

プリオンと言えば、パプアニューギニアのフォレ族に関する研究が注目を集めています。多くのフォレ族がクールー病とよばれる神経系の病気で亡くなっていることが、一九五〇年代になってようやく人類学者によって確認されたのです。クールー病は脳内の異常プリオンが原因で発症する病気ですが、そのクールー病が流行した原因は、フォレ族には死者を弔う儀式として脳を食べる習慣があったからでした。クールー病に感染すると、筋肉のけいれんや認知機能の低下が見られます。また、脈絡なく笑い出したり泣き出したりすることもあります。そして最終的には脳が穴だらけになり、死に至るのです。

フォレ族では、異常プリオンをたっぷり含んだ死者の脳を遺族が食べることで病気が広がっていましたが、なかには感染後五〇年が経ってから発症したケースもあります。二〇世紀の半ばになってようやく脳を食する習慣がなくなり、それに伴ってクールー病も減少してきました。

話を戻しますが、クールー病で亡くなった人の遺体を心を込めてお世話しても、病気はうつりません。でも、食べてしまえば、うつります。

以上、法律の問題、栄養価の低さ、そして感染性の病気についても取り上げてきました。これでも「人を食べちゃダメでしょ？」と言える理由は十分かと思います。もしかしたらいつの日か、近所のレストランでは、研究室《ラボ》で培養された人肉がメニューに載っている、なんてことがあるかもしれませんが（ええ、そんな技術がすでに開発されつつあるんです）、とりあえずそのときが来るまでは、人間の赤肉を食べるのは、やめておきましょうね。

24

墓地が死体でいっぱいになって埋めるところがなくなったらどうなる？

死体があふれかえってどうしようもない――そんなとき、一番合理的な解決法は、墓地を広げることでしょう。今ある墓地の敷地を広げてもいいですし（たくさんのお墓を作るためには土地が要りますからね）、もしくは、近くに別の墓地を作ってもいいでしょう。

「でも、ここは大都市だし、死者を眠らせておくほどの緑地なんて、もうないんだ！」――そう来ましたか。では、墓地を広げましょう……上に。そうです。高層墓地にするのです。都市部では、高層マンションやタワーマンションなど、住居が積み重なったところに人が住んでいるわけでしょう？　なのに、死んでしまったら、広々とした何百エーカーもの広い土地に、ぽつぽつ散らばって埋められなきゃいけないのでしょうか。ある高層墓地を設計した建築家はこう言っています。「積み重なるようにして生きるのが平気なら、積み重なるようにして死んでいたっていいんじゃないの」。ごもっともでございます！

イスラエルにあるヤーコン墓地では、土葬用のタワーが次々と建設され始めており、最終的には二五万基のお墓が確保される予定です。ユダヤの慣習を配慮して、お墓が地上とつながっていられるように柱の中には土が詰められています。なお、世界で最も高い墓地はブラジルのエクメニカ記念墓地Ⅲ。この三二階建ての墓地には、お墓はおろか、レストランやコンサートホール、外来の珍しい鳥たちであふれる庭園までが完備されています。また、私は東京で何千という遺骨が納められたマンション型の納骨堂を訪れたことがあります（自動的に正しい遺骨が選別されて、個別に仕切られた参拝ブースまで運ばれてくるしくみ）。建物の外観は普通のオフィスビルと変わらず、周辺の街並みに溶け込んでいます。地下鉄の駅からも近く、通いやすい立地にありました。上記以外にも、高層墓地はパリ、メキシコ・シティー、ムンバイなど、世界各地で続々と計画されているのです。

こういう考え方もできます。ごくふつうに広がっている墓地であっても、そこにマウソレウム（墓廟《ぼびょう》）を建てれば、高層墓地と同じことだと。マウソレウムとは墓地の真ん中に建っている低い建物のことで、壁の中のクリプトと呼ばれるスペースに死者が埋められています。地上に死者それぞれのお墓を建てればすぐに土地は不足してしまいますが、そんなお悩みはマウソレウムで解決できます。一人分のお墓のスペースで、三〜四人（または

それ以上）を納めることができますから。墓地の広告によれば、クリプトは地上からの高さによっていろんなタイプに分かれているようです。たとえば、ハート《胸》レベル、スカイ《空》レベルというように。地上に最も近いスペースは、膝をついてお祈りしやすいということからプレイヤー《祈り》レベルとなっています（〝地上レベル〟では、あまり売れなさそうですからね）。

それでもやっぱり死者のアパートみたいな建物は嫌だというなら、お墓をリサイクルするという方法もあります。ギョッとさせちゃいました？　おじいちゃんのお墓はずっとおじいちゃんのものだと思っていたなら、驚いてもしかたがありませんね。でも、ドイツやベルギーの公共墓地では、都市によって若干の差はあるものの、土葬ならだいたい十五〜三〇年という埋葬期間が設定されています。埋葬期間が切れるときには遺族へ連絡が行き、賃貸料を払ってお墓の埋葬期間を延長するかどうかの選択ができます。もし賃貸料を払えなかったり、払う必要がないと考える場合には、あなたの死体はもっと深くに埋め直されるか（新しい友人を迎え入れるために場所を空けます）、共同墓地へと移動させられます（新しい友人がたくさんいます）。こういった国々では、お墓とは借りるものであり、所有するものではないのです。

どうしてアメリカだけが違っているのでしょうか。なぜ、墓地が私たちのお墓を永遠に管理してくれると信じて、〝永久維持費〟なるものを払っているのでしょうか。「お墓とは、これから先もずーっとそこにあるもの」というイメージを私たちが抱いてしまうのは、単純にアメリカがとっても広い国だから。十九世紀になると、埋葬地は過密状態だった（そして臭かった）都市部の墓地（graveyard）から、ひろびろとした田園墓地（rural cemetery）へと移り変わっていきました。こういった田園墓地では、ピクニックや詩の朗読、馬車競争なんかも行われていました。いわば、墓地が観光地でもあり、人々との社交場でもあったのです。その背景には、「こんなに広大な土地があるんだから、死者をどんどん埋め続けても大丈夫。みんな自分のお墓をもてるぞ！」という考えがありました。

とは言っても、二一世紀（二〇一五年時点）におけるアメリカ合衆国の年間死亡者数は二七一万二六三〇人。つまり一時間につき三〇〇人、あるいは一分につき五人が亡くなっている計算になります。こんなに死者が多くても、土葬用の土地が不足しているわけではありません。アメリカにはまだまだ多くの土地が残っているのです。ただ問題は、都市部や愛する人々の近くにお墓を作りたいと考える人が多いこと。埋葬地不足の問題は、ノース・ダコタ州よりもニューヨーク市にとって切実なわけです。

国によっては、土葬用の墓地が不足して困り果てているところもあります。人口密度の高さで世界第三位のシンガポールと第四位の香港はその好例です。シンガポールの一平方マイルごとの人口は一万八〇〇〇人以上。いち、へいほう、マイルに、一万八〇〇〇人ですよ？　対してアメリカの一平方マイルごとの人口は、たったの九二人。トホホ。残念ですがアメリカの完敗です。そういうわけで、シンガポール人が涙ながらに「死者を土葬する土地がないんだ……」と言ったとしたら、ふざけているのではなく、真剣に悩んでいるのだと受け取ってください。シンガポールのチョア・チュー・カン墓地のことをご存じですか？　現在シンガポール国内で土葬を受け付けているのは、ここだけなんですよ。シンガポールはあまりにも小さい国であるため、墓地を作るための手頃な土地がもうないのです。シンガポール政府は一九九八年に法律で「埋葬期間は十五年」と定めています。この十五年の期間が終了すれば、あなたの体は掘り起こされて火葬され、コロンバリウム（マウソレウムに似た建物ですが、納めるのは火葬後の遺骨）へ貯蔵されることになります。

「土葬なんて、もうゴメンだわ！」という人には、火葬とアルカリ加水分解がおすすめです（ほら、火ではなく水を使ったアクアメーションという方法がありましたよね）。どちらも最終的には二～三キロ程度の灰になるので、散骨したり暖炉の棚に飾ったりできます。でも、どうしても土葬がいいというのであれば、他の国の例にならって……そうです、そろそろお墓のリサイクルをまじめに考えてもいいかもしれませんね。おばあちゃんがちゃんと分解されたら、おばあちゃんの骨はちょっと脇へよけてもらって、新しい死体たちが腐敗できるようにしてもらうのです——と、ここまで書いてふと思ったのですが、私以外にこんなことをはっきり書いた人はいたでしょうか？　きっといないでしょうね。

25 死ぬときには白い光が見えるって本当？

本当ですよ。その白く輝く光のトンネルを抜けると、天使たちが待っています。すてきな質問をありがとう！〔訳注：日本では〝三途の川〟がよく登場するが、欧米では〝白い光〟を見る人が多いと言われる〕。

まじめな話、死期が迫ると白い光が見えることがあるそうですが、その現象を完璧に説明することは、私にはできません。と言うより、これを説明できる人なんていないでしょう。信仰心の篤い人は、その光は死後の世界への神々しき道しるべだと信じているでしょうし、科学者は、酸欠になった脳が作り出した現象だと考えるでしょうから。

ただわかっているのは、そういった不思議な現象が起こる、ということだけ。それをウソだと決めつけるにしては、宗教や文化といった枠を超えて、同じような体験をしている人が多過ぎるのです。瀕死の状態にあった人が見たものには、不気味なほど似かよった、ある一定のパターンがあります。いわゆる〝臨死体験〟という現象ですね。なんだか薄気味悪い？　でも臨死体験はそれほど珍しいものではなく、アメリカ人では約三パーセントが経験しています。入院中の高齢者を対象とした研究では、より多くの割合（十八パーセント）で臨死体験が報告されているのです。

ただし、臨死体験とひと口にいっても、すべてが同じ体験とは限りません。子どもの頃に飼っていたペットや気まずかった就職面接の映像が走馬灯のように目の前を過ぎ去ってゆく中、光り輝く白い光に向かって進んでいく——というような体験を、みんながみんな、するわけではないのです。ある研究によると、臨死体験者の約半数が、自分が死んでしまったことをはっきり認識していたそうです（それがいいことなのか、悪いことなのかは、死を受け入れているかどうかによって変わってくるでしょう）。また、臨死体験者の四分の一は、体外離脱を経験しています。一方、有名な〝光のトンネル〟を実際に通ったという人は、臨死体験者の三分の一でした。それに、悪いお知らせもあります。臨死体験はすばらしい至福の体験であるように思われがちですが、本当にそこまでいい体験をしたのは全体の半分のみ。なかには、恐ろしい臨死体験もあったそうです。

歴史的にみても、臨死体験は多くの文化圏で見られる現象だとする研究があります。古代エジプト、古代中国、中世ヨーロッパ（および、他にも数えきれないほど多くの文化圏）では、臨死体験と内容が酷似している宗教的体験談があるというのです。そうなると、〝卵が先かニワトリが先か〟という興味深いジレンマが生じます。臨死体験とは、何か普遍的な宗教体験なのでしょうか。それとも、宗教体験のほうが、人間の脳、基礎神経科学、生物学といったものの産物なのでしょうか。

それぞれの臨死体験の内容――その設定、空気感――は、体験者が属している社会の影響を受けることがあります。たとえば、アメリカ人でクリスチャンならば、トンネルの中で天使たちが出迎えてくれるかもしれませんし、ヒンズー教徒ならば死神ヤマの使いが迎えにくるかもしれません。オックスフォード大学の研究者、グレゴリー・シュシャンは、内容が大きく異なるケースの臨死体験について書いていますが、その中には体験者の所属文化が反映されたと思われる人物が出てきます。「一人は、キリストがケンタウロスの姿で戦闘用馬車《チャリオット》に乗っていたと言っていました。それから、別の一人は、心臓が胸の外側で脈打っている男性がいて、彼の髪は司教のかぶる帽子の形をしていた、と言うのです」。

臨死体験を解明しようとする科学者にとってさらに不可解なのが、臨死体験は、死ぬ間際でなくても経験できる、という点です。バージニア大学の研究では、臨死体験を語った患者の半数には医学的な危険性がなかったという結果になりました。つまり、半数以上が〝臨死〟状態ではなかったわけです。

では、どうしてこんなことが起こり得るのか、（科学的に）可能性のある要因を見ていきましょう。もしあなたが脳科学者であれば、おそらく臨死体験のことを〝多感覚情報統合機能障害〟のような、カッコイイけどわかりにくい言葉で説明するでしょう。ほかにも、脳から放出されるエンドルフィンによる現象だとする説や、血液中の二酸化炭素濃度が高くなりすぎるから、あるいは側頭葉が活発化しているから、といった説もあります。

もっと単純明快な答えはないのでしょうか。そこで、不気味な光のトンネルを体験した、別のタイプの人々のケースを見ていくことにしましょう。戦闘機のパイロットたちは、高速で飛行すると、脳に十分な血液と酸素が行きわたらず、低血圧性の失神を起こすことがあります。そうなると、視野の端がぼやけ始めて視力が失われていき、光のトンネルを見下ろしているような感覚になります。これって、何かに似ていませんか？

研究者らは、トンネルの先に見えるこの光は、網膜虚血《もうまくきょけつ》による現象だと考えています。網膜虚血とは眼球に十分な血液が届かないことで起こります。つまり、目の血液が不足することで視力が低下するのです。また、極度の恐怖を感じたときにも網膜虚血を起こすことがあります。死ぬときは、恐怖も感じますし、酸素も欠乏します。そんな状況なら、臨死体験の特徴である真っ白なトンネルが見えるのも、わかるような気がしませんか？

もしあなたの信仰心が篤ければ、神（々）には不可能なことでも可能にできる力があると信じていることでしょう。ですが、科学者ならば（神様の存在を信じていても）、不思議なことを見たり感じたりするのは脳のはたらきによるものだと考えるでしょう。科学的に考えれば、私たちの最期を形づくるのは生物学だということになりそうです。ちなみに私自身はあまり信心深いほうではないのですが、自分が死ぬときにはぜひ、チャリオットに乗ったケンタウロスのキリストに迎えに来てほしいものです。

26 虫はどうして人間の骨まで食べないの？

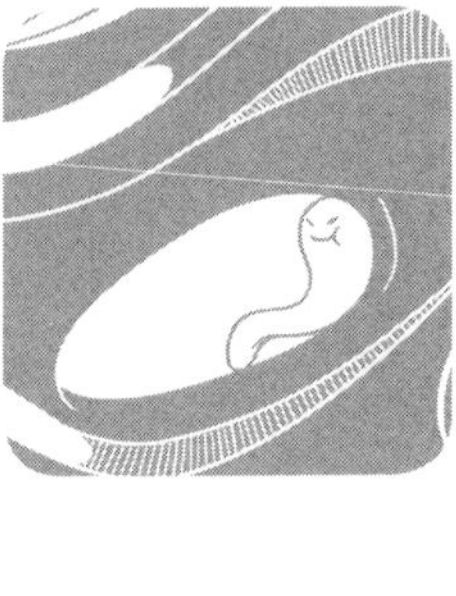

気持ちのよい夏のある日、あなたは公園でお弁当を広げています。手羽先のフライドチキンをひと口ほおばって、外側のカリカリの皮と内側のジューシーなお肉をモグモグ、ゴックン。さて、あなたはそれから「ジャックと豆の木」に出てくる巨人みたいに、骨をバキバキと噛み砕いて食べてしまうでしょうか。きっと、食べませんよね？

自分は骨をモリモリ食べたりしないくせに、どうして虫には骨まで食べてほしいんでしょうか。確かにネクロファージは自然界の陰の英雄ですが、それにしても期待しすぎですよ。ネクロファージは、死んで腐ったものを食べてエネルギー源とする〝死体食い〟生物です。なんて心優しい生き物でしょう！　なぜって、死肉を食べる彼らの存在がなければ、この世はいったいどうなると思います？　人間の死体や動物の死骸があっちにゴロゴロ、こっちにゴロゴロと、至るところに転がったままになってしまいますよ。道路で轢き殺された動物たちだって、ネクロファージがいなければ、ずっと道路に残ったままです。

死んだものを処分してくれるネクロファージたちのすばらしい仕事ぶりから、期待がエスカレートして、奇跡を起こしてくれるんじゃないかと思っちゃうんですよね。自分の部屋を超きれいに片づけたら、これからも同じくらいきれいにするとママから期待されちゃった……みたいな感じです。ですから期待値はあんまり上げないでおきましょうね。

死体食いランキングには、さまざまな種類の生物が入ってきます。道端に転がるおやつを狙って急降下するハゲワシ。十五キロ先からでも死体のにおいを嗅ぎつけるクロバエ。乾燥した筋肉繊維をむさぼるシデムシ。そう、人間の死体は、死肉を食べる生き物たちに住みかと食べ物を幅広く提供する、ニッチな生態ワンダーランド。その死の食卓には多くのゲストが集まってきます。

前にお話ししたカツオブシムシのことを覚えてますか？　お父さんお母さんの頭蓋骨の肉を掃除してくれる生物として名前が挙がった、あのちっちゃいながらも頼もしい虫を。カツオブシムシたちは、骨を傷つけずに、肉の部分を食べてくれるんでしたよね？　ここではっきり言いましょう。もしカツオブシムシたちが骨まで食べてしまったら困ったことになります。一番の理由は、他の（強力な化学薬品を使ったりする）除肉方法では、骨が傷むだけでなく、骨に残された印や痕跡といった、犯罪捜査で手がかりとなりうる証拠までもが損なわれるかもしれないから。だからこそ、この汚れ仕事を何千匹というカツオブシムシに依頼しているわけです。それにね、ここであなたが「骨まで食べてくれない」と文句を言っている間にも、彼らは皮膚や毛や羽根まで平らげてくれているんですよ！

まあ、いいでしょう。最初の「虫はどうして骨まで食べないの？」という質問に簡単に答えると、「骨を食べるのは大変だから」と言えます。しかも、虫にとって、骨はあまり栄養にもならないのです。骨の成分はほとんどがカルシウムですが、虫はそれほどカルシウムを必要としません。カツオブシムシのような虫は、カルシウムを食べたり、欲しがったりするようには進化してきていないのです。ですから、私たちが骨を食べたがらないように、虫たちも骨を食べることには無関心なんですね。

とは言いましたが、ここで驚きの事実を発表しましょう。ふだんは骨を食べないカツオブシムシたちですが、まったく食べないわけではありません。それなりの見返りがあれば、骨だって食べるのです。骨は、ちょっとばかしイラッとする食べ物ではありますが、いちおう、食べ物には違いありません。メリーランド大学で農業の指導をおこなっているピーター・コフィーは、死産だった子羊の骨をきれいにしようとハラジロカツオブシムシを用いたときに、その事実を目の当たりにしたそうです。大人のヒツジの骨は頑丈ですが、「ヒツジの胎児や新生児の骨には、まだ完全に成長しきれていない部分がある」そうです。カツオブシムシたちが仕事を終えた後、彼が残された骨を見てみると、「大きめの幼虫ほどの丸い穴が、ところどころに小さく空いていた」とのこと。なんと、カツオブシムシたちは、（死産の子羊の骨のように）骨の密度が薄く、脆い部分なら食べるということがわかったのです。ただ、ピーターはこうも述べています。「良好な状況が揃い、なおかつ食べ物が不足した状態でなければ、彼らは骨を食べようとはしない。彼らが骨を食べているところがあまり目撃されていないのは、そういった理由からだろう」。

以上のように、カツオブシムシや他の肉食昆虫が骨を食べることは稀ですが、もしお腹がめちゃくちゃ空いていたら、食べないとも言い切れないわけですね。人間だって、飢えれば同じことを考えるようです。十六世紀末にパリが包囲されたときのこと。飢餓に陥ったパリ市内の人々は、ネコやイヌ、ネズミまでも食べつくしてしまい、とうとう共同墓地から死体を掘り出すまでになりました。そして、その骨を挽いて粉にし、〝モンパンシエ夫人のパン〟として知られる代物を作ったと言います。まさに骨身を削って作り上げたパンですから、遠慮なく召し上がれ！（とは言うものの、やっぱり食べないほうがいいかも。そのパンを食べた多くの人は亡くなってますから）。

この世の中には、「何よりも骨が好き！」というほど、骨を好んで食べる生き物はいないのかもしれません。あ、でもちょっと待って。そういえばまだホネクイハナムシのことはお話していませんでしたね（まさに、名は体を表すわけですよ、みなさん。学名はラテン語で *Osedax* と言いますが、その意味はまさに〝骨食い〟あるいは〝骨をむさぼり食うもの〟なんです）。ホネクイハナムシは、最初は小さな幼生の姿で、深海の広い闇の中を漂っています。すると突然、上からクジラ、はたまたゾウアザラシでしょうか、何やらやけにでっかいものが降ってきました。その体にホネクイハナムシはくっついて、大宴会を始めます。念のために言っておきますが、ホネクイハナムシだって、骨の中のミネラルを喜んで食べているわけではありません。むしろ、彼らが骨を掘ってまで求めているのは、コラーゲンとか脂質です。クジラがいなくなればホネクイハナムシも死んでしまいますが、そうなる前に、水中にはすでにたくさんの幼生を放出しています。そして、幼生は水流を漂いながら、次の死骸が降ってくるのを待ち受けているのです。

ホネクイハナムシに食べ物の好き嫌いはありません。もし、あなたが船からウシをまるまる一頭投げ入れたり、お父さんを投げ入れたりしても（ゼッタイにしてはダメ！）、ホネクイハナムシは骨まで食べてしまうでしょう。ホネクイハナムシは、恐竜が生きていた時代から、でっかい海生爬虫類を食べていたという有力な証拠が揃っています。ということは、クジラ食いのホネクイハナムシは、クジラが生まれたときより前から存在していたわけです。自然界の骨食い生物のトップに君臨するホネクイハナムシ。ですが、その姿は可愛らしくもあります。赤オレンジ色っぽいチューブ状のものがゆらりゆらりと骨を覆いつくしている姿は、まるで深海に敷かれたフワフワの絨毯《じゅうたん》のよう。しかも、彼らは二〇〇二年になるまで発見されていなかったというんですから、これまたビックリでしょう？　もしかしたら、この世界のどこかには、ホネクイハナムシのほかにも骨をむしゃむしゃ食べる生き物が存在しているのかもしれません。

27 埋葬するときに地面がカチカチに凍っていたらどうする？

ハワイ育ちの私は、厳しい冬というものを知りません。大人になった今も、私の葬儀社はカリフォルニアにあるので、冬の寒さとは縁遠い環境にいます。ある意味、この質問に答えるには不適任すぎるかもしれません。だって、カチカチに凍った土を削岩機《さくがんき》でガリガリ掘るなんて、やったことがないんですから。埋葬に立ち会う遺族や弔問客が寒さで身を寄せ合う、なんてことも、ここカリフォルニアでは見られません。むしろ、手をパタパタ振って顔に風を送りながら、「早くエアコンの効いた車内に戻りたい」と思っている人だっているかも。

では、カナダやノルウェーのような国々ではどうしているのでしょうか？　真冬になると氷に覆われてしまうようなところでは？　凍てついた地面は、死後硬直なみにカチカチで、あなたの想像を上回るものでしょう。そんな地面に工具で穴を開けて墓を掘るなんて、簡単な仕事じゃありません。ですから歴史を振り返ってみると、そういったことはほとんど……やってこなかったのです。

十九世紀のアメリカでは、厳しい冬の間に人が亡くなると、春になるまで埋葬ができませんでした。そこで冬の間は、死体をレシービング・ヴォルト《預かり墓》というところで保管していたのです。レシービング・ヴォルトは野外に建てられた建物で、一見、立派なお墓のようにも見えます。タイミング悪く寒い時期に亡くなってしまった人は、棺に納められてから、この共同墓に一時的に安置されました。外は凍えるように寒いのですから、レシービング・ヴォルトはまさしく自然の保冷庫だったわけですね。

冬の間の遺体の保管庫には、もっと質素なものもあります。その名も〝デッド・ハウス〟。そのまんまですね。デッド・ハウスは、ヨーロッパ、中東、アメリカの一部、そしてカナダにもあり、死の家、死体の家とも呼ばれていました。十九〜二〇世紀（早いところでは十七世紀）には、死体はこうした建物に安置されて冬を越していたようです。

私自身は、暖かい地域でしか埋葬の経験がありませんが、知り合いにたまたま、デッド・ハウスに詳しい考古学者がいました。その彼女、ロビン・レイシーいわく、「そういった建物はまだ存在していて、今も使われているのよ！」だそうです。もしかしたらあなたも、近くの墓地を散歩中にデッド・ハウスのそばを通りかかっているかもしれませんよ。物置小屋と見間違えてしまいそうな、簡素な木造の（もしくは煉瓦建ての）建物はありませんでしたか？

長い間、冬に亡くなった人が送られるのは、お墓ではなく、デッド・ハウスでした。ふつうなら遺族が直接向かうのは埋葬地になるはずですが、地面が凍結しているとなれば、話は別。遺体には春の雪解けまで待ってもらわねばなりません。いわば、死者としてはまだ正式に認定されていない状態。運転免許なら〝仮免〟期間という感じでしょうか。

一方、埋葬自体を諦めてしまったところもあります。たとえば、チベットの高地は地面が岩だらけだったり凍結していたりで埋葬が難しい。また、木々があまり生えていないため、火葬をしようにも薪が調達できません。そこで、ほかとは違った弔い方をするようになりました。そこでは今でも、死者の体は〝鳥葬〟のために野外に放置されます。鳥葬とは、遺体をハゲワシなどに食べさせる方法です。ペットのネコちゃんなら、あなたの遺体を必ず食べてくれるとは限りませんが、ハゲワシなら「待ってました！」と言わんばかりに肉を食いちぎり、その肉片とともに空へ舞い上がってくれることでしょう。

しかし、私の住むアメリカで、ハゲワシによる鳥葬を行うのは、おそらく（今のところは）無理なので、地面が凍ってしまったら死体はどうすればいいのでしょうか。しかも、テクノロジーのおかげでデッド・ハウスは流行遅れとなってしまいました（といいつつも、私は自分の葬儀社のことを〝デッド・ハウス〟というニックネームで呼んでいますが）。

現在アメリカにある一般的な墓地では、たとえ極寒の冬を迎える地域で、どれだけ地面がカチカチに凍っていたとしても、埋葬は可能ですし、むしろ埋葬してしまうでしょう。地域によっては埋葬が法律で義務づけられている場合もあります。たとえばウィスコンシン州とニューヨーク州では、墓地で死体を冬の間ずっと保管することは禁止されています。この二州では、気温がマイナス一〇度を下回ろうとも、死体は決められた期限内に埋葬しなければいけません。

ですが、田舎の墓地では、人手が不足していたり工具がなかったりして、凍りついた地面を掘れない場合もあります。また、遺体を墓地まで運ぼうとしても、人気《ひとけ》のない冬の道を通るための除雪機すら手配できないかもしれません。そんな場合は、古き良き冷却保存の方法がとられます。遺体は葬儀社あるいは墓地で冷却され、春が来るのを待つのです。

遺体の冷却保存に関しては賛否両論があるでしょう。反対理由としては、冬の間に死体が山積みになるかもしれないということ（実際に山のように積み重ねるわけじゃなくて、保冷庫が死体でいっぱいになるという意味です）、それから、保存期間が長くなれば

コストが高くつくということもあげられます。反対に賛成理由としては、レシービング・ヴォルトやデッド・ハウスとは違い、多少暖かい日でも、ちゃんと保冷されるということ。死体から腐敗臭がするなんてこともありません。また、埋葬を待つ遺体の腐敗を遅らせるには、エンバーミングという手段もありえます。

ですが、地面が凍結していても埋葬する（または、法律上、そうしなければいけない）のであれば、地面を砕き割るか、あるいは地面を解凍するかのふたつの方法が一般的です。もしくはその両方を組み合わせることもできるでしょう。

地面を砕いて割るには建設用工具である削岩機を用いますが、これですぐに穴が掘れるわけではありません。凍結部分を一・二メートル掘るだけでも六時間ほどかかることがあるのです。ショベルカーのショベル（バケット）の部分に〝フロスト・ツース〟という恐ろしい形をした切削機《せっさくき》をつけて掘る方法もあります。フロスト・ツースは一メートルほどの金属製の部品《アーム》で、バケット部分の両サイドに取り付けて使います。形はショベルカー用リッパーに似ていて、まるで重機版ドラキュラのよう。「お前の墓を掘り起こしてやるぞ～！」とでも言いたげなご面相です。そして、そのとがった牙で地面を砕き割り、ショベルで凍結した土を掘り出すという流れ。

いきなり凍った地面を掘り出すのではなく、地面を溶かしてから掘りだす場合もあります。溶かす方法はいくつかあります。穴を掘る場所に熱した布を広げるというのは、なかなかいい方法です。炭に火を起こして、お墓になる部分に撒いてもいいでしょう。大きな金属製のドーム型器具でお墓を覆い、プロパンガスで中を熱する方法もあります。一見、墓地のど真ん中にバーベキュー用グリルを置いたかのように見えるので、墓地のイメージアップにはなりませんが、必要ならばやむをえません。

ただし、地面を溶かすという方法には、時間がかかるという難点があります。おそらく十二〜十八時間、長ければ二十四時間程度かかるでしょう。でも、冬の間ずっと待っているよりは、ましですよね？

このように、おじいちゃんの遺体を埋めるときになって地面が凍っていたとしても大丈夫なんですよ。いつもより時間はかかるでしょうし、おじいちゃんに寒い安置所で少し待ってもらわなくてはいけませんが、ちゃんと埋めてもらえます。ただし、これだけの手間と、遺体の保管が必要になるとすると、お察しのとおり費用も余分にかかりますけど。あれ？　なんだか、懐まで寒くなってきちゃいました？

28

死体ってどんなにおいがするの？

それはね、死体がどれくらい死んだままだったかによっても違いますよ。

亡くなってすぐなら、生きていたころと同じようなにおいがします。シャワーを浴びて香水をつけたところでポックリ逝ったのなら、せっけんと香水の香りがするでしょうし、ムッとするような病室で長い闘病生活の末に亡くなったのなら、やはり病気とムッとするような病室のにおいがするでしょう。

死後一時間やそこらの死体なら、膨張して緑色になったりウジ虫がわいたりなんてしません。どれだけ外が蒸し暑くても、です。ホラー映画じゃないんですから、そんなすぐに腐敗したりしないのです。母の遺体を自宅に置いておきたいけれど、遺体から死のにおいがしてこないかしら――そんな心配をされているご遺族のみなさまに、うちの葬儀社では次のようにお伝えしています。まず、亡くなってすぐにウジ虫がうじゃうじゃわいたりすることなんてありえませんから、安心してくださいね。ただ、ご遺体を二四時間以上安置なさるおつもりなら、保冷剤などで冷却したほうがいいですよ。

死体がすぐににおってこないのは、どうしてでしょうか。いわゆる〝腐敗臭〟は腐敗によって引き起こされるわけですが、そもそも腐敗というものは数日かけて起きる現象だからです。前にもお話ししましたよね。人が死んでも、腸内細菌は死なないって。腸内細菌は死なないだけでなく、お腹を空かせています。何かを食べたくて食べたくてイライラしているくらい。細菌があなたの体を有機物へと分解するのには、それなりの理由があるのです。

腐敗の原因は、お腹を空かせて暴れまわっている腸内細菌だけではありません。人体というものは小さき生命に満ち溢れた存在、つまり、微生物による完全な生態系でもあります。腸内細菌が新しい食料源（あなたの体のことですよ）を分解しているかたわらで、微生物たちは揮発性有機化合物（ＶＯＣ）から成るガスを発生させています。そして、このガスの一番臭い成分は硫黄含有化合物である場合が多いのです。もしあなたが、硫黄っぽい、卵のようなにおいの強烈なオナラを嗅いだことがあるのなら、どんなにおいかわかるでしょう。悪臭の黒幕はほとんどが硫黄なんですよ。

死体捜索犬といって、特別なトレーニングを積んだ犬たちがいます。そんな犬たちが森の捜索で手掛かりにしているのが、このＶＯＣのにおい。また、このにおいはクロバエも引きつけます。クロバエにははにおいを感知できる受容体があって、死体を嗅ぎ当てることができるのです。この腐敗の甘い香り（いわゆる死臭）が、クロバエに「こっちへおいで。死体の口とか耳とかの穴は、卵を産むのにちょうどいいところだよ」というメッセージを送っているんですね。そしてしばらくすると、ハエの幼虫（ウジ虫）が死体のあちこちからわき出すわけです。クロバエママ、よかったね！　ステキな産卵場所が見つかって。

かぐわしき死臭の代表選手は、プトレシンとカダベリンというふたつの物質。どちらも死臭を表すのにぴったりの名前です（putrid は「腐敗した」、cadaver は「死体」という意味）。研究によれば、この嫌なにおいがネクロモンとしてはたらいているといいます。ネクロモンというのは、何かを死体に引きつけたり、反対に遠ざけたりする作用をもつ物質のこと。もしあなたが死体捜索犬かクロバエなら、このにおいで死体が近くにあることがわかります。もしあなたが、死肉（腐敗した動物）を食べるスカベンジャーならば、このネクロモンはおいしそうなごちそうのにおいに感じられるでしょう。反対に、あなたがおもしろみのないただの人間（たとえば葬祭ディレクターとか）なら、今すぐ外の空気を吸いたくなるほどの、耐えがたいにおいに感じられるのです。

葬儀社へ運ばれてくるふつうの遺体は、そこまで〝腐敗モード全開〟ではありません。腐敗に至るほど時間が経過していないのです。お預かりした遺体はむざむざと腐敗させるわけにはいかないので、すぐに保冷庫へ移します。保冷することで、腐敗の進行をかなり

遅らせることができますからね。でも、ごくたまに〝腐乱死体〟（死後数日から数週間が経過した死体）が運ばれてくることも、なきにしもあらず。

　腐乱した死体のにおいを一度でも嗅いだことがあれば、その経験を忘れることなどできないでしょう。前に、葬祭ディレクターや解剖医を対象に非公式のアンケートを実施したことがあります。彼らに、その忘れがたいにおいについて質問したところ、「車に轢かれて死んだ動物のにおいをずっと強くした感じ」というものから「腐った野菜。べちゃべちゃになった芽キャベツとかブロッコリーみたいなにおい」「冷蔵庫で発見された腐った牛肉」というものまで、さまざまな意見をいただきました。また、ほかには「腐りかけの卵」「リコリス」「生ごみ入れ」「下水」といった意見も。

　え、私の意見ですか？　ああ、腐敗している人体のにおいをどうすれば言い表すことができましょうか——どれほど偉大な詩人でも、うまく表現することは難しいはず！　強いて言えば、ねっとりと絡みつくような甘ったるいにおいと、強烈な腐敗臭が混ざり合ったようなにおい、とでも申せましょうか。そうですね……腐った魚に、あなたのおばあちゃんがいつもつけてる甘ったるい香水を振りかけて、それをポリ袋に密封してから炎天のもとに置いておくとします。そして二、三日後、袋を開けて鼻を突っ込み、その香りを嗅いでみたら、どんな感じかわかるかも？

腐敗死体のにおいを言い表せる共通の表現はなさそうですが、そのにおいが独特のものであることは確かです。嗅覚の鈍った私たちにはその微妙な違いがわからないでしょうが、研究によれば、人間には特徴的な化合物から成る〝腐敗の香り〟があるとされています。腐敗ガスに含まれる臭気化合物のうちの八種類が、人間の腐敗臭に見られる物質として特定されているのです。とはいえ、一〇〇パーセント完全に〝人間だけ〟のにおいとは言えません。ブタにも同じ化合物があるそうなので。あーあ、ブタと一緒なんてガッカリ。私たちだけの特別な何かがあればよかったのに！

おもしろいことに、昔の人間は死臭にもっと慣れていました。ある意味、冷蔵手段や死体保存技術が乏しかったからこそ、死臭に慣れることができたのだと言えます。私の長年の友人であるリンジー・フィッツハリス博士は、十九世紀当時の解剖室について研究しています。現代の葬儀社にある遺体保冷庫は臭いんじゃないかと疑っているそこのあなた。まったく！　彼女の話を聞いたら、二〇〇年前の解剖室にいなくてよかったと心の底から思えるはずですよ。謎に満ちた人体構造について学ぶべく解剖をおこなっていた当時の医学生たちは、〝悪臭を放つ死体〟とか〝ひどい腐敗臭〟があったと述べています。しかも、死体は常温の部屋に、薪のように積まれて放置されていたそうです。死体を取り扱う人は、〝隅のほうで血まみれの椎骨《ついこつ》を齧る〟ネズミや、〝食べ残しを巡って争う〟鳥の群れが飛んでくるのを目撃しています。しかも若い学生たちは、そんな解剖室の隣の部屋で寝泊まりしていたのかもしれないのです。

十九世紀中頃、イグナーツ・センメルヴェイス博士はあることに気づきます。(死体の解剖もおこなっていた)研修医が担当する出産に比べて、助産師が担当する出産のほうが、産後の経過がいいことに。もしかして、死体を解剖した手で出産中の女性の体に触れるのは危険なのではないか――そう考えたセンメルヴェイス博士は、これらふたつの作業が続くときは、合間に手を洗うように指示します。すると、これが功を奏したのです！最初の数ヵ月で、感染症の発生率は一〇分の一から一〇〇分の一へと、大幅に減ったのです。ただ残念なことに、彼の発見は当時の医学界からは大反発を食らいました。理由のひとつは、医師たちに手を洗浄させるのが難しかったから。彼らの手にこびりついた不快な〝病院のにおい〟は、権威の象徴でもあったのです。また、このにおいは〝古き良き病院の悪臭〟とも呼ばれていました。要するに、腐敗した死体のにおいは、消したくない名誉の印でもあったんですね。

29 戦争に行った兵士が遠くの国で死んだらどうなる？ 死体が見つからなかったら？

この本にはいろんな質問が載っています。「もし飛行機で死んじゃったらどうなるの？」とか「宇宙で宇宙飛行士が死んだらどうなるの？」のように現代的な質問もあれば、今回のように、これまで何百年もの間ずっと疑問に思われてきた質問もあります。

十九世紀以前であれば、遠くの地で戦死した兵士を故郷へ送り返すことは、ほぼありませんでした。犠牲者が何百、何千にのぼった戦争ならなおさらです。ちょっと想像してみましょう。あなたは前線で戦う歩兵でしたが、何かで——槍か剣か弓かはわかりませんが——突き刺されてしまった……。そんなとき、たいていは仲間からは見捨てられ、そのまま戦地で朽ち果てるわけですが、運がよければ、他の死体と一緒に土葬か火葬にしてもらえるかもしれません。その一方で、死んでも故郷へ連れ帰ってもらい、埋葬してもらえる人がいました。将軍か王様か英雄レベルの方々です。

イギリス海軍のホレーショ・ネルソン提督の例を見てみましょう。彼はナポレオン戦争のさなか、船の甲板でフランス軍からの銃弾を受けて亡くなりました。彼の率いる海軍は勝利しましたが（おめでとう！）、ネルソン提督が生き返るわけではないので、軍は彼の遺体をイギリスへ送還しなければなりません。そこで船員たちはどうしたか。イギリスへ戻るまで遺体を保存しておくために、ブランデーと命の水（*aqua vitaae*）――蒸留酒を差す言葉ですがなんとも皮肉な呼び名ですね――の入った樽にネルソンの遺体を入れたのです。船がイギリスへ戻るまでは一ヵ月を要します。航海中、死体から発生したガスが小さめの樽に充満し、樽の蓋がいきなりポーンと弾け飛んで、見張り番をびっくりさせたこともあったとか。

航海中、船員たちは代わる代わるネルソンの入っている樽から〝保存液〟をチビチビ飲んでいた――そんな噂が今もなお語り継がれています。その言い伝えによると、船員たちはマカロニを小さなストロー代わりにして飲んでいたそう。そして、盗み飲みがばれないように、安物のワインで減った分を補充していたと言われています。個人的には、みんなが飲んでいたのは死体がプカプカ浮いていないワインだったと信じたいところですが、当時のイギリス兵たちは、お酒のこととなるとどんなことでもやりかねないという評判でしたから、本当のところはわかりません。

西洋史に出てくる戦争で戦いの中心を担っていたのは、お金で雇われた傭兵《ようへい》と、無理やり徴兵された人々でした。もし戦争に勝ったとしても、勝利の手柄は王の、後になれば将軍のものとされていました。ところが二〇世紀の初頭になると、アメリカの人々は一般兵の遺体であっても故郷に帰還させるのが〝人道的〟だと考えるようになりました。米西戦争では、当時のウィリアム・マッキンリー大統領が、キューバとプエルトリコで戦死した兵士たちの遺体を帰還させようと、専用チームまで結成しています。

だからといって、遺体を取り戻す際にまったく問題がなかったわけではありません。むしろ問題は山積みでした。第一次世界大戦後、アメリカは「なあ、フランスさん。そっちに集団で埋められてる、うちの死んだ兵士たちを今度掘り出しにいくんで、ヨロシクな！」というような調子でしたが、フランスは戦後の復興に力を注いでいる最中だったので、正直なところアメリカによる大規模な遺体掘り起こしプロジェクトを迷惑に思っていました。実は戦争で息子や夫を亡くしたアメリカの人々の大半も、墓を掘り起こすことには消極的でした。セオドア・ルーズベルト元大統領も、空軍パイロットだった息子をドイツで亡くしていましたが、その亡骸を取り戻そうとは思っていなかったようです。彼は次のように述べています。「私たちと違う考え方をされている人も多いかもしれませんが、私たちにとって、魂が抜けた可哀想な遺体を、死後長い期間が経ってから移動させるのは、つらく痛ましいことなのです」。

最終的に、アメリカ政府は各家庭にアンケート調査を行い、戦死者の遺体をどうしてほしいかを調査しました。その結果、四万六〇〇〇体がアメリカへ送還され、三万体はヨーロッパの軍人墓地へ埋葬されたそうです。戦後一世紀以上が経った今でも、オランダやベルギーの人々は、第一次および第二次世界大戦で亡くなったアメリカ兵の墓を引き取り、墓へ参ったり、花を手向けたりしているそうです。なんとも心温まる話じゃありませんか（おばあちゃんのお墓参りに行くのが面倒に思ったときには、ぜひこの話を思い出してください）。

とはいえ、今回の質問にもあるように、遺体が当人だと識別できるほど完全な状態で戻ってこられるとは限りません。第二次世界大戦では、従軍したアメリカ兵のうち、七万三〇〇〇の遺体が行方不明となっています。そして、一九五三年に休戦に至った朝鮮戦争では、七〇〇〇人のアメリカ兵の行方がわかっていません。そのほとんどはおそらく、今はちょっと外交交渉が難しい北朝鮮にあるのかもしれません。

二〇一六年以降、アメリカにおける、行方不明の遺体を追跡・識別する管轄機関は、米国国防総省捕虜・行方不明者調査局（DPAA）となっています。この調査局では、目撃証言、歴史的証言、科学捜査など、さまざまな手がかりを頼りに、遺体の在処を絞り込んでいます。遺体がありそうだと目星をつけた場所には遺体回収チームを派遣し、科学的な捜査をおこなって遺体を回収します。一見したところ、なかなか華やかなお仕事のように思われますが（国際

的に活躍する死体調査員！）、各機関からさまざまな許可を取ったり、現地の政府や遺族と協力したりしながら、スムーズに仕事を進めなければならないという点では、葬儀社で働いているのとあまり変わらないような気もします。

ここで、仮に、アメリカ軍のある兵士が明日命を落とす運命にあるとしたらどうなるかを考えてみましょう。彼の死体はどのように扱われるのでしょうか。アメリカは（よくも悪くも）軍事大国です。言い換えれば、アメリカ国内で戦ったり戦死したりする兵士はいません。むしろ、本国から遠く離れた地で殺したり殺されたりしています。もしあなたがアメリカの軍事政策や戦争そのものに反対していたとしても、戦死した兵士の遺族が、遺体を取り戻したい、それが無理ならせめてきちんと埋葬あるいは火葬してもらいたいと願う気持ちは理解できるのではないでしょうか。

先のイラク戦争やアフガニスタン紛争で亡くなった米軍兵士の遺体はほぼすべて、デラウェア州にあるドーバー空軍基地内のドーバーポート遺体安置所へ送られています。空軍が管理しているこの安置所は、世界最大級の遺体安置施設です。施設は一日に一〇〇体の遺体を取り扱うことができ、保冷庫には一〇〇〇体以上の遺体が収容可能です。この収容力の高さから、ジョーンズタウンで集団自殺があったときや、ベイルートでアメリカ海兵隊兵舎爆破事件があったとき、宇宙船のチャレンジャー号やコロンビア号の事故のとき、そして二〇一一年の同時多発テロでペンタゴンが攻撃されたときも、遺体を収容する第一候補として、この施設の名前があがったほどです。

ドーバーポート遺体安置所へ到着した遺体は最初に爆発物処理室へ運ばれ、爆弾を身に着けていないかどうかが確認されます。その後、全身のレントゲン撮影やＦＢＩの専門家による指紋鑑定、それから派遣前に採取した血液とＤＮＡの照合といったプロセスを経て、公式に身元が確認されます。

ここからが葬儀業者の出番です。遺族が故人と対面できるように遺体を整えるのが彼らの仕事。遺族の八五パーセントが故人との対面を果たしていますが、道路脇に仕掛けられた爆弾で吹き飛ばされるなどのむごい亡くなり方をされている場合には、復元できる体自体がほとんど残っていないこともあります。そういうときには、ガーゼでくるんだ遺体をビニールで密封してから、さらに白いシーツでくるみ、その上から緑の毛布で覆います。そして最後に、軍の制服を上からピンで留めるのです。遺族は、後に遺体の欠損部分が見つかった場合に、あらためて返却を希望するかどうか、決めることができます。

ドーバーポートでの遺体の到着および遺族への引き渡し手続きは、ひじょうに儀式的かつ秩序的、そしてとても……軍隊的。遺体安置所には、ありとあらゆる部門、階級の制服が常備されています。ズボンやジャケットだけでなく、さまざまなタイプの章や星条旗、バッジ、飾緒《しょくしょ》に至るまで、何だってそろっています。飛行機で運ばれる場合は兵士が一名同行し、遺体を機内に運び込んだり運び出したりする際には、（それが経由地での乗り換えであったとしても）必ず敬礼をすることになっています。それから、アメリカ国旗が棺に掛けられるわけですが、国旗のたたみ方や棺の覆い方には厳しい決まりがあります。ネット上では葬祭ディレクターたちが、あれは正しいやり方じゃないとか、延々と激論を戦わせていることがあります（遺体の左肩側に星条旗の星の入った青地部分が来るように棺を覆うのが正解ですよ）。

一般的な葬儀社では、運ばれてきた遺体の死因や生前の職業、そしてときにはお母さんの旧姓に至るまで、意外と多くの情報を得られます。というのも、死亡証明書を提出するのも、通夜での対面に備えて遺体を整えるのも、同じ葬祭ディレクターが担当することが多いからです。ところが、ドーバーポート遺体安置所では勝手が違います。従業員は、兵士の所持品や身元確認情報を取り扱うグループと、遺体そのものを扱うグループのふたつに分けられています。つまり、従業員が特定の死亡者について深く知ることがないように配慮されているのです。そう聞くと、死者を非人格化しているようでちょっと寂しく思えるかもしれませんが、二〇一〇年の『星条旗新聞』によれば、「アフガニスタンやイラクへ派遣された葬儀業務のスペシャリストたち五人に一人は、帰還時にＰＴＳＤ（心的外傷後ストレス障害）の症状を呈していた」とあります。とすると、上記のように、死者に個人的な思い入れをもたないよう、官僚主義的に自分と切り離して考えるのも、戦争によるトラウマ対策としては、必要なことなのかもしれません。

30 ペットのハムスターと同じお墓に入りたいんだけど？

なるほど。あなたはハムスターくんが大好きなんですね。よく、わかりますよ。周りにいる人より、ハムくんと一緒にいるほうがずっと楽しいし、ハムくんとなら、いろんな話ができる。人なんかよりハムくんのほうがずっとマシ、というわけですね。

ペットのハムニバル・レクターくんをきちんと埋葬してあげたいと考えるのは、あなただけじゃありませんよ。自分のペットをしっかり見送りたいと人々が考えるようになったのは……実は、ずっと昔からでした。一九一四年、ドイツのボン近郊では、一万四〇〇〇年前の古いお墓が発見されました。お墓の中にあったのは、二人の人間（男性と女性）と二匹の犬。一匹はまだ子犬で、死因はウイルス感染症だったようです。そして、その人間二人は子犬が死ぬまで面倒を見ていた証拠が見つかっています。おそらく子犬を暖めたり、下痢便や嘔吐物をきれいにしたりしているうちに、二人も同じウイルスにかかってしまったのでしょう。ただ、どうして二匹の犬が、人間と一緒に埋められていたのかはわかっていません。あの世への旅の同伴者として一緒に埋葬されたのかもしれませんし、何らかの象徴として埋められたのかもしれません。あるいは、人間たちが犬を心から愛していたからかも（愛情なくして、下痢便をきれいに拭いてあげるなんてできますか？）。

古代エジプトのミイラのことはみなさん知っていると思いますが、すばらしい動物のミイラがあることまでは、あまり知られていません。エジプト人たちは、ネコやイヌ、鳥、それからワニに至るまでミイラにしていました。神々や守護者への捧げものとして、さらには、あの世での食べ物としてミイラにされた動物もいました。しかし、ネコはペットとして可愛がられてもいたので、自然に死ぬのを待ってから、飼い主と一緒にあの世へ旅立てるように同じ墓へ入れられたこともあったようです。

十九世紀後半には、二〇万以上の動物（主にネコ）のミイラが、エジプト中心部の巨大墓地遺跡から発掘されました。発掘に携わったイギリス人教授はこう語っています。「近隣の村に住む、あるエジプト人農夫が…（略）…穴を掘っていたところ、砂漠の平らになっている場所でガチッと何かにぶつかった――ネコだ！　一匹や二匹どころじゃない。あちこちから何十、何百、何十万といったネコが何匹も重なって層を形成していた。ネコの層は一般的な炭層よりも分厚く、一〇～二〇匹が折り重なって押しつぶされている。まるで樽漬けのニシンなみにぎゅうぎゅう詰めだったよ」。ミイラのネコたちは布に包まれており、その多くが色を塗られて丁寧に装飾を施されたうえ、ブロンズ製の箱まで与えられていました。その箱の中で永遠なる死後の時を過ごせるようにというわけです。

今の時代に、「肉球ちゃんの横に永遠に寄り添っていたい」なんて言えば、ネコ好きの変人ケイトリンなんて呼ばれちゃうかもしれませんが、そのような見方は間違ってます！人間には、動物たちと一緒に埋められてきたという長く豊かな歴史があるのですから、あなたがハムスターと一緒のお墓に入っても、別におかしくないはずです。

たとえば、あなたが亡くなって、わたしの葬儀社に埋葬を依頼されたとします。「この子は本当にペットのハムニバル・レクターが大好きだったんです！　ですから、できればハムくんも一緒に棺の中に入れてあげたいのです」、そう聞いて、まず考えるのは、ハムくんがまだ生きているかどうか。まだ生きているなら、慎重に考えなければなりません。偏見をもちたくはないのですが、正直言って、埋葬のためだけに元気な動物を安楽死させることには抵抗があります。人類の歴史において、動物たちはあの世にいる主人と添い遂げるために、ずっと犠牲になってきました。でも、だからといって二一世紀となった現在、この考えが倫理的に正しいとは言えませんよね。では、ハムくんがすでに死んでいたらどうでしょうか。剥製、骨、灰へと姿を変え、あるいは、冷凍保存されて、この時を待っていたとしたら？

厳密に言えば、私のいるカリフォルニアの州法では、ハムくんをあなたのポケットの中に滑り込ませることは許されていません。ハムくんが灰になって小さい袋に入っていたとしてもダメです。動物を人間のお墓に〝埋葬する〟ことは許可されていないのです。「でも、やってくれるでしょ？」――えーっと、ここはノーコメントでお願いします（死者の上着のポケットからハムくんの小さな足が覗いていたら、見て見ぬふりをしてください）。

一方では、動物との埋葬について、もっと進歩的な考えをもっている州もあるようです。ニューヨーク州、メリーランド州、ネブラスカ州、ニューメキシコ州、ペンシルベニア州、バージニア州などがよい例です。これらの州では、ハムスター（そのままの死体であれ灰であれ）と飼い主（あなた）が一緒に埋められてもいいことになっています。イギリスでは、人間と動物の〝共同〟墓地でなら、ハムくんの近くに埋めてもらえます。また、ここ十年の間に、ハムくんと同じお墓に入れる墓地もできてきました。

実は、カリフォルニア州を含むほとんどの州でも、かつては動物の埋葬場所に関する法律はもっとユルいものでした。アメリカの古い墓地を散歩すれば、動物たちが埋葬されているお墓を目にするでしょう。たとえば、ニューヨーク州のサンドレイク・ユニオン墓地には、南北戦争で活躍した軍馬モスコーが埋葬されていますし、ハリウッド・ヒルズのフォレスト・ローン記念公園には、ベンジー（一代目）と呼ばれたタレント犬のヒギンズが眠っています。

ペットと一緒のお墓に入りたいと願うだけではなく、実際にその権利を求めて活動している人もいますよ。《家族みんなで入る墓の会》は、家族（父母、ハムスター、イグアナなど）はみんな、同じお墓に埋葬されてもいいはずだと主張しています。そして、その考え方が徐々に受け入れられつつあるのです。なのに、残念ながら多くの州では今もなお、ペットは人間と同じ墓に埋めてはいけないことになっています。そんな法律はきっと、人間用の墓は人間を埋葬するためにあるのであり、そこへ動物を入れるなんて失礼だ――動物の死体のせいで埋葬という儀式が安っぽくなってしまう――という考えなのでしょう。

ただ、宗教的・文化的理由から、誰かほかの人が愛した犬や、ペットのブタとは一緒に埋められたくない、というような意見なら理解できます。それに、多くの都市部では墓地のスペースが不足しつつあるので、第一級の角地がグレートデーン犬のマロンちゃんに取られてしまうのを心配する気持ちも、よくわかります。

ですから、私はどちらの意見にも賛成なのです。動物と埋葬されたくないなら別々にしてもらうべきですし、動物と一緒がいいのならそうあるべきです。動物と人が一緒のお墓に入れるような議案が上がってきている地域は、意外とたくさんあります。ですから、大丈夫ですよ。あなたが毛皮を着た友人と一緒のお墓に入れる道はあります。そして、あなたとハムくんは、手に手をとって、大空に浮かぶ回し車で一緒に走り続けるのです。あなたが住んでいる地域の法律がどうであれ、ペットの遺灰をそっとポケットに忍ばせてくれる葬儀屋さんは、きっといるはずです。

え？　私？　も、もちろんそんなことしませんよ。さ、次の質問へ移りましょう。

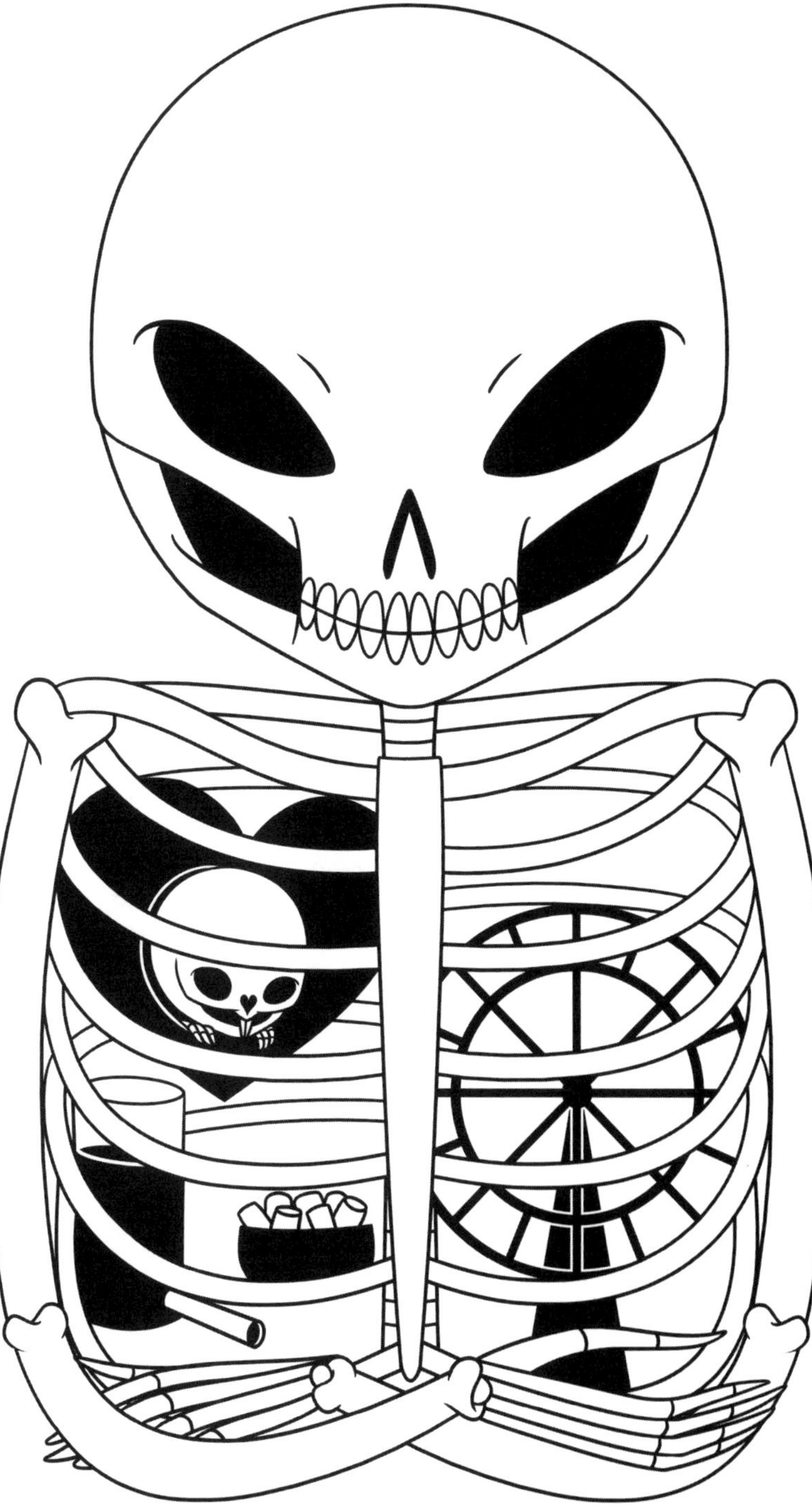

31

棺に入れて埋められた後も髪の毛は伸びる？

死んで三日も経てば、髪の毛と爪は伸びていても、かかってくる電話は少なくなっているだろうね——こんなジョークを言ったのは、テレビ司会者ジョニー・カーソン。まあ、ジョニーったら、口が悪いのね！　私が死んだら、死後硬直でカチカチの手から、スマートフォンをもぎ取ってくださって結構よ。かかってくる電話が本当に減っていくかどうか、あの世から見ておきましょう。

ところで、お墓の中で髪の毛や爪が伸びているというのは本当でしょうか？　埋葬から三〇年後に死体を掘り出してみたら、グラム・メタル風の長いボサボサ髪と、二メートル近くまで伸びた爪（これは現在の世界記録の爪の長さ）が、干からびた骨を覆っているのでしょうか？

想像すると怖すぎます。でも本当に伸びるのよ——って、言ってあげたいところですが、残念ながら、これもまた神話にすぎません。ずっと昔からまことしやかに囁かれてきた、都市伝説的な噂です。紀元前四世紀、アリストテレスは「死後も本当に毛は伸び続ける」と書き残しています。ただし、毛が伸び続けるのは、もともと毛が生えていた部分に限ると断言しています。たとえば、あごに髭を生やしていれば、その毛も伸びる。でも、亡くなったお年寄りの頭がすでにはげあがっていれば、そこから毛が生えるというのは、どだい無理というわけ。

こうして神話は二〇〇〇年以上も語り継がれてきました。そして二〇世紀に入ってもなお、「ワシントンDC地区で十三歳の少女の墓を掘り返したところ、髪の毛が足元まで伸びていた」とか「医師の報告では、棺の継ぎ目から毛があふれ出し、外に飛び出していた」というような記事が一流の医学雑誌にも載っていたのです。毛が蔓《つる》のようにうねりながら土の中を伸びていくイメージは、どこか魅力的に思えなくもないのですが、でもやっぱり、そんなことは起こりません。

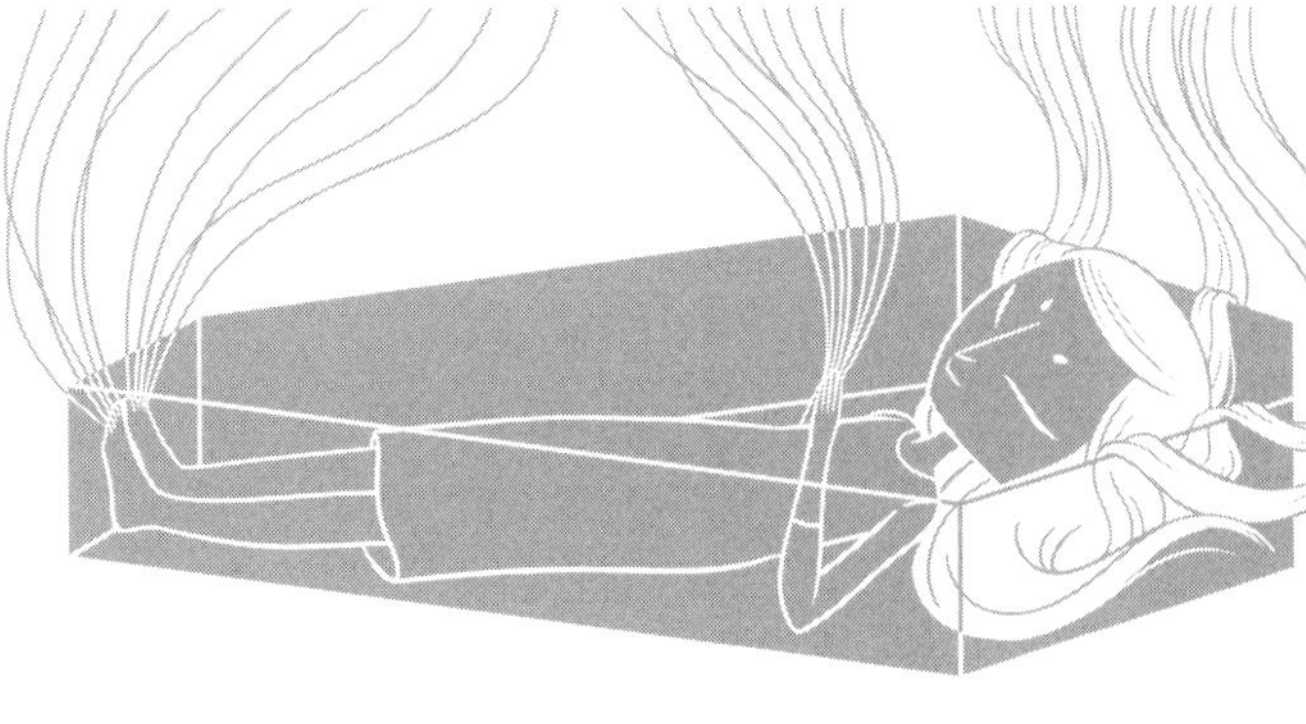

こんな伝説がずっと信じられているのは、なにも本や雑誌や映画のせいだけではありません。実際、死後に毛や爪が伸びているように見えるせいです。誰しも、自分の目で見たことは、理科の授業で習ったかのように信じてしまうもの。でも、それが単にそう見えているだけだったとしたら？

生きているときの爪は毎日〇・一ミリずつ伸びています。「やった、もっと爪を噛める！」と気持ち悪いことを考えてしまう私のことは無視してください（爪を噛んじゃいけません！）。一方、髪の毛は毎日〇・五ミリ弱ほど伸びています。

ですが、毛や爪が伸びるのは生きているときだけ。毛や爪は、体がグルコース（ブドウ糖）を作り、新しい細胞を生み出さなければ、伸びません。新しく生まれた細胞が古い細胞を前へと押しやることで、爪が伸びるのです。歯みがき粉のチューブを押すようなイメージですね。毛も同じ。顔や頭の毛包の奥で新しく作られた細胞が、古い毛を前に押し出すのです。しかし、この〝グルコースで細胞ができる〟プロセスは、死ぬと止まってしまいます。死んでしまえば、新しい髪も爪も作られないのです。

では、毛も爪も伸びていないのに、どうして伸びているように見えるのでしょうか。あなたのツヤツヤの髪とはまったく関係がありません。重要なのは、体でいちばん面積が大きい器官である皮膚なのです。死後の皮膚は乾燥しがち。生前はハリがあって生き生きとしていた皮膚も、しなびて縮んできます。熟した桃が一週間でしなびていく様子を写したタイムラプス動画がありますが、皮膚もそんな感じになります。

死後、手の皮膚が乾燥すると、爪の内側の爪床《そうしょう》という皮膚部分が縮み、爪が長くなったように見えます。ですが、実際に爪が伸びているわけではありません。爪は前から同じ長さなのに、皮膚が引っ込んだせいで長くなったように見えるだけなのです。毛についても同じ原理がはたらいています。死者の顔に無精ひげが生えたように見えるかもしれませんが、毛が本当に伸びたわけではなく、皮膚が乾燥し、無精ひげが目立つようになったにすぎません。まとめると、毛や爪が伸びたのではなく、生前はふっくらとしていた周囲の皮膚が縮んだだけ、というわけです。これで二〇〇〇年にわたる謎も解決ですね。

ここでちょっとおもしろい事実を。弔問客が故人の姿を目にする通夜に備えて、葬祭ディレクターたちは、手や顔の皮膚の乾燥を防ぐよう、保湿のためのフェイシャルケアをしたり、爪床にマニキュアを塗ったりすることがあります。死後のエステ体験、みなさんもぜひ、お試しください。

32

火葬後の遺骨をアクセサリーにできる？

火葬と聞いてアメリカ人の多くが思い浮かべる場面。それは、葬儀屋さんが遺族へ骨壺を手渡す場面ではないでしょうか。この中にはふんわりとした灰色の砂のようなものが入っています。この灰、いわゆる遺灰は、このままでクローゼットの奥にしまっておくことができます（哀しいことに、意外とそうなっているケースが多いものです）。また、遺灰は海に撒くこともできますし、映画『ビッグ・リボウスキ』であったように、撒こうとしたら風が逆流して顔面が遺灰で真っ白になる、なんてこともありえます。「この遺灰って、前はお父さんだったわけでしょ？　でも、よく考えてみたら、お父さんのいったいどの部分なの？」。そんな疑問をもったあなた。いいですか？　実はこの灰は、お父さんの骨なんですよ（ここでＢＧＭとしてメタルミュージックのリフが流れる）。

ここまで読み進めてきたあなたなら、もうわかっていたかもしれませんね。でも、火葬炉から取り出したときはこんな粉砂糖みたいな状態じゃなかったということまでは、知らなかったんじゃないでしょうか。火葬が始まると、体の柔らかい肉などの有機物の部分は熱で燃え尽きてしまい、煙突から入ってくるサンタクロースを逆再生したみたいに煙となって外へ出ていきます。その後、火葬技師が扉を開いて取り出すのは、無機物の骨となったお父さん。言い換えると、大腿骨とか頭蓋骨の断片とか肋骨とかの、大きな骨の塊です。

この火葬後の骨をどうするのでしょうか。選択肢は、あなたが住んでいる国によって次のふたつのうちのどちらかになります。まずひとつ目は、何もしない、です。骨は塊のまま、大きめの骨壺に入れられて遺族に返されます。私のお気に入りは、日本の〝骨上げ〟。この儀式では、火葬された骨を丁重に扱います。

世界一高い火葬率を誇る日本では、火葬された遺体は少し冷まされてから遺族の前に広げられます。そして、遺族が箸を使って、灰の中にある骨を足から頭に向かって順に拾いあげ、骨壺に納めるのです。ちなみにこの〝骨上げ〟で、足から拾い始めて頭で終わるようにするのは、故人がこの先ずっと逆さまで過ごさなくてもすむように、という理由からです。

大腿骨など大きな骨は、二人で同時に箸でもち上げることもあります。一人がもう一人

へと骨を〝箸渡し〟することもあります。この箸渡し（合わせ箸）は、骨上げのときに限り、失礼にはなりません。ところがほかの場所で……そうですね、例えばレストランなどで、ポーク・スペアリブを箸から箸へと渡すのは、お葬式の儀式を夕食のテーブルへもち込んでしまうようなもの。完全なマナー違反になるので注意しましょう。

この骨上げの優美さに対して、もうひとつの方法は火葬後の遺体にとってやや暴力的だと言えましょう。西洋では、骨をクレミュレーターとよばれる粉砕機で粉骨します。金属製の容器に入った骨を、高速回転する鋭い刃で砕けば……ほら、遺灰のできあがり。

ところで、粉骨が一般的な国でも、あえて未粉砕のままで返してもらうように依頼することはできるのでしょうか。アメリカ合衆国の葬儀法では、骨を〝識別不可能な〟サイズにまで粉砕するように定められています。どうやら、「これはおじいちゃんの腰の骨だ」と遺族にわかってはいけないみたいですね。とは言いつつも、宗教上や文化的理由から火葬後のままの遺骨を遺族にお返しする火葬場も、あることにはあります。ですから、「お父さんの骨は粉砕不要なので、よろしく」といった感じで、ダメ元で聞いてみてもいいでしょう。

さて、ここからはちょっと話しづらいトピックになります。遺骨アクセサリーのことです。そういったアクセサリーは大切なお父さんを偲ぶために作りたいわけであって、「お前なんか、ボロボロにしてやるぜ……！」という復讐心によるものじゃありませんよね？

ですが、事はそう簡単にはいかないのです。火葬後の遺骨でアクセサリーを作ろうとすれば、どうしたって骨はボロボロに崩れてしまいますから。

骨は、リン酸カルシウムとコラーゲンが結合したものです。ですから、骨自体はもともと強くて、そのままであればアクセサリーとして用いることができます（事実、動物の骨でできたブローチなんかをうれしがって身に着けている人もいます）。ですが、こういった骨は、腐敗や太陽光、カツオブシムシといった力を借りて自然にクリーニングされたものので、火葬後の骨ではありません。

火葬炉で九二〇度にもなる高熱にさらされると、骨は脆くなります。これほどの高熱になると、骨組織と小さな骨は完全に崩れてしまいますし、大きな骨であっても元のままではいられません。

火葬された骨はすべて水分が抜けた状態です。体積は減って、外層部分や内部の微細構造は永久的に損なわれてしまうのです。そして炉内の温度が高温になればなるほど（遺体が大きければ大きいほど温度は上がります）、骨へのダメージは大きくなります。

ですから、火葬後の骨はひび割れていたりボロボロと崩れてしまったり変形したりしています。もし手で握りつぶせば、古いクッキーのように粉々になるほど脆くなっているのです。残っている骨がどこの骨なのかはだいたい見分けられますが、表面がめくれていたり、縁が欠けていたりしているので、たとえネックレスにしようとして糸を通そうと思っても、すぐにバラバラになってしまうでしょう。

亡くなった家族の骨でアクセサリーを作ることがどうしてもあきらめきれないのなら、遺灰から作るという方法もあります。世の中には、火葬後の遺灰を用いたアクセサリーのさまざまな選択肢があります。小瓶やペンダントなんてどうですか？　信用のおける販売店に遺灰を送れば、ほんの数週間で、自分だけの遺灰ネックレスや遺灰リングといった種々様々なアクセサリーを手に入れることができます。あなたが思い描いた夢が、アクセサリーになるのです。

もし、人骨のままでアクセサリーを作るビジネスを考えていたのなら、ガッカリさせてしまってごめんなさいね。でも、ドイツに住んでいなかったのはラッキーですよ！　実は、私の友人で葬祭ディレクターでもあるノーラ・メンキンからこんな話を聞いたのです。彼女のもとに、ある遺族が助けを求めてきました。ドイツへ旅行中だった父親が亡くなってしまったというのです。ところが、遺灰を引き取るためには、とんでもなく長くて複雑な手続きが必要らしく、しかもドイツ語なので、グーグル翻訳を駆使して何とかやっている状況だそう（ちなみに、ドイツ語の「骨壺」を表すUrneには「投票箱」という意味もあるみたい）。それというのもドイツには、遺灰の取り扱いに関するひじょうに厳しい法律があって、遺灰を取り扱えるのが、基本的に葬祭ディレクターだけとなっているからです。

よって、遺族といえども、父親の遺灰をドイツからアメリカへもち帰ることはできません。しかも、骨壺から骨壺へと遺灰を移したり、埋葬のために遺灰を墓地へ運んだりするのも、葬祭ディレクターしかできないのです。そのうえ遺灰は必ず埋葬することが法律で義務づけられています。こうなると、もうアクセサリーのことは諦めるしかありません。ましてや、おばあちゃんの大腿骨からネックレスを作ることなど不可能です。

この本を読んでいる心優しい読者のみなさんは（そしてもちろん日本の方々も）、火葬された遺骨に対して嫌悪感を抱くことはないでしょう。もし、あなたにとって骨がそれほど大切だというのならば、法律を調べてみてください。そして、葬儀屋さんや火葬場の人にも積極的に質問してみましょう。ただし、お父さんの肋骨で可愛い髪留めを作ろうと思っていても、うまくいくかどうかは保証しかねますが。

33

ミイラに包帯を巻くときって臭かった？

エジプトで初めて作られたミイラ。それは偶然の産物でした。下エジプト（ピラミッドの多くがあるところ）は、雨が少なく、乾燥しています。乾燥と太陽光と砂という三条件が揃ったことで、天然のミイラができたのでした。古代エジプト人たちが死者を意図的にミイラにするようになったのは、今から四六〇〇年ほど前の、紀元前二六〇〇年頃になってからのことなんです。

ミイラと聞いて思い浮かぶのは、ツタンカーメン王のような姿じゃありませんか？　あいったミイラは、三三〇〇年ほど前のもの。革のように硬くなった体に亜麻布の包帯を巻き、何千年もの間、要塞のようなお墓の黄金の棺の中で眠り続ける――そんなミイラには、なんとも言えない魅力があります。おまけに、王家の墓に入った者にはファラオの呪いがふりかかるんですよ！

まあ呪いというのは冗談ですが、まじめな話、お墓を荒らすのは、ダメ、ゼッタイ！

これまでに生まれ、そして亡くなった人類（一〇〇〇億人以上になるでしょう）は、ほとんどが腐敗したり焼けたりして分子や原子に戻り、歴史から消え去っていきました。なのに、ミイラは今もなお存在しています。しかも、その保存状態がひじょうによいため、古代エジプト人たちの当時の生活について（どんな死に方をしたかに始まり、どんな外見だったか、何を食べていたかまで）、ありとあらゆる情報を得ることができます。いわば、ミイラは古代文明の詰まったタイムカプセルなのです。

ミイラについてのトリビア情報はここまでにして、そろそろ今回の質問「ミイラに包帯を巻くときは臭かったのかどうか」に移りましょう。そうですね。死んだ後の体は臭くても、何百メートルにもなる包帯に巻かれる頃には、それほど臭くなかったみたいですよ。古代の死体保存技術は、一朝一夕にできるものではありません。ツタンカーメン王が亡くなる↓包帯を巻く↓お墓に入れる↓ハイ、作業終了！　とはいかないのです。むしろミイラ作りの工程は、何ヵ月にも及ぶことがありました。

最初のステップは、体から臓器を取り出すこと。臭いが発生しやすいのはこの段階です。私も仕事で、解剖後の遺体を修復するために臓器を取り出した経験がありますが、もし死後一週間以上が経過していれば、臓器の腐敗は進んでおり、体の内部にはガスが充満しています。そんなお腹を切り開くのは、あまり気持ちのいいものとは言えません。甘ったるい腐敗臭も待ち受けています。思うに、古代の死体防腐処理者が、死後数日が経過した遺体から肝臓、胃、肺を取り出したときも、こんなにおいがしたのではないでしょうか。ちなみに、当時は取り出した臓器をカノプス壺と呼ばれる容器（蓋の部分が動物や人間の頭の形をしています）に納め、その後、遺体と一緒に埋葬していました。

ミイラを作るときには、脳も取り出していたと聞いたことがあるですって？　ええ、確かにそういう場合もありました。古代の葬儀屋さんたちは、先の曲がったかぎ状の器具を用いて、鼻の穴や、頭蓋底に空けた穴から脳をかき出していました。二〇〇八年に、CTで二四〇〇年前の女性のミイラがスキャンされたところ、頭蓋骨の奥に、脳をかき出すのに使用した器具が残っているのが発見されました（現代なら、この防腐処理者は口コミサイトでボロカスに言われているでしょうね）。ですが、脳がかき出されずに残されたままのミイラも見つかっています。鼻の穴から脳をかき出すのはひじょうに難しい作業であり、誰もが簡単にできるわけではなかったのです。

次のステップでは、内臓を取り出した遺体を乾燥させていきます。エジプト人は、干上がった塩湖の底からナトロンと呼ばれる塩のようなものを採取していました。そのナトロンを（すでに内臓のない）体の内側に詰め込みます。またそれで外側も覆いました。三〇～七〇日にわたり、ナトロンの中の炭酸ナトリウムと炭酸水素ナトリウム（重曹）の成分が水分を吸収し、死体を乾燥させます。死肉を分解する酵素は水分を必要としているため、ビーフジャーキーのように死体を乾燥させてしまえば、酵素は腐敗という悪さをはたらけなくなるのです。

ふつう、死体をそのまんまエジプトのような暑いところに七〇日もの間放置しておけば、ひどい悪臭を放つものです。しかし、内臓が取り除かれ、塩漬けにされた死体の場合、いい香りとまでは言えないまでも、死体の自然な腐敗臭に比べれば、それほどひどいにおいではなかったと考えられます。

その後、ナトロンを取り除き、死体の中におがくずや亜麻布とともに、シナモンや没薬《ミルラ》といった天然の芳香剤を詰めます。なので、乾燥した死体は、むしろいい香りだったのかも？　もしかしたら、クリスマスのキャンドルとかパンプキン・パイのスパイスのような香りがしていたかもしれません。

では、そろそろ包帯を巻いていきましょうか。その際、さまざまなオイルや針葉樹の樹脂（これも腐敗臭対策になります）を慎重に体に塗りつつ、亜麻布を巻き付けていきます。手足の指もそれぞれ一本ずつ巻いてから、全体を巻きます。このように死体を保存処理

していたのには、信仰上の理由があったからです。エジプト人たちは、魂はいくつかの部分に分かれていて、それぞれが体の別の部分に宿ると信じていました。ですから、もし体が保存されていなければ、魂は帰るところを失ってしまうのです。ただし、これまで見てきたような入念な死体ケアやお祈り、お墓というものを準備してもらえるのは、たいていが経済的に余裕のある人たちだけでした（まぁ、つまりは、お金持ちしかダメだったんですね）。

以上から、質問者への答えは、「ミイラが包帯を巻かれるまでになるには一ヵ月以上かかることも多いけれど、内臓がなく、乾燥して、詰め物をされた状態だったなら、それほど臭くはなかったんじゃないかな」としておきましょう。そして、においに悩まされなかったエジプト人たちは、死体を数千年もの間、石棺へ安置しておくという工程に進むのです。ところで、今回は、包帯を巻くときは臭かったかどうかという質問でしたが、反対にミイラを研究しようとして包帯を解くときは、どうなのでしょうか？　何世紀が経った今でもミイラのにおいはまだ残っているものなのでしょうか？

幸いにも、現在ではあまりミイラの包帯を解くことはありません。でも、十九世紀のヨーロッパでは、エジプトが大ブーム。イギリスでは、〝ミイラの解包パーティ〟といったものまであり、古代のミイラの包帯を解くショーをおこなうというふれこみで、行商人たちがパーティチケットを売りさばいていました（包帯をとるときに、ミイラはボロボロになってしまうわけですが)。また、エジプトでは多くの墓が荒らされ、掘り起こされたミイラが、茶色の絵の具や薬として用いられました。「このミイラ薬を二錠飲んで、様子を見てみましょう。明朝、連絡をください」というような会話が交わされていたんでしょうか。

現代では、CTスキャンのようなテクノロジーのおかげで、直接に観察したり解剖したりせずとも、じゅうぶんな情報を得ることができます。こうして崩れやすい三〇〇〇年前のミイラを傷つけることなく、研究することができるのです。ちなみに、包帯を解かれたミイラのにおいはどうだったのでしょうか？　よく古い本や皮、乾燥したチーズのにおいに比べられていますが、どれも悪臭というほどのものではありませんね。ですから、親愛なる古代のミイラが臭いなんて、もう言わないであげてくださいね。本当に臭いのは、死後一週間ぐらいしか経っていない、腐りかけの新しい死体のほうなので。

34 お通夜で見たおばあちゃんのブラウスの下にビニールみたいなものが巻かれていたのはどうして？

おそらく漏れてきちゃったんでしょう。　おばあちゃんが悪いわけじゃありません。きっと生前のおばあちゃんはきれい好きで、身だしなみもきちんと整えていらしたはずです。とはいえ、液体をたくさん含んでいる人間の体は、死んでしまうと液体を体内に留めておくことが難しくなるのです。このように遺体から体液が漏れ出すこと（または漏れてきた体液のこと）を〝漏液〟と呼びます。

葬儀社で働く者にとって、漏液は困りものです。悪夢と言ってもいいでしょう。遺体から急に液体が漏れてこないように私たちは手を尽くしています。ですが、亡くなった方のなかでも特に体液が漏れ出しやすい人がいるのも確かです。仮に、遺族が豪華なお通夜を希望されたとしましょう。おばあちゃんが通っていた教会の人々や世界各国に散らばっていた親戚たちが、はるばるおばあちゃんに会いにやってきます。すでにエンバーミングを済ませたおばあちゃんは、生前のお気に入りだったピーチカラーのワンピースを着せてもらって、薄紫色のクレープ地が張られた立派な棺に横たわっています。こんなときに、おばあちゃんの体から体液が漏れ出すなんて、あってはならないことなんです。

では、いったいどのようにして漏液を防げばよいのでしょうか。手始めに、どこから漏れてくるのかを見極めなくてはいけませんね。漏れてきやすい部分は――ズバリ、生前から体にあった穴。口とか鼻とか膣とかお尻の穴なんかですね。最初に漏れ出しやすいのは、体液やねばねばした分泌液、それから排泄物。たとえば、尿、便、唾液、痰などなど。もしサプライズ・ウンチが心配されるなら（一番うれしくないサプライズですが）、おばあちゃんはオムツと吸水パッドを身に着けてもらうことになるでしょう。なお、もし体内で腐敗が進んでいたら、コーヒーの残りかすのような黒っぽい液体が鼻の穴や口から出てくることがあります。そこで、通夜での対面が予定されている場合には、小さい吸引器でおばあちゃんの口や鼻の穴から水分を吸い取って、綿やガーゼを詰めることもあります。

以上がよくある〝漏れ〟の問題です。ではなぜおばあちゃんは、服の下にラップを巻かれていたのでしょうか。それにはいくつかの理由が考えられます。いいえ、スーパーの野菜のように、おばあちゃんを密封包装して新鮮に保つためなんかじゃありませんよ。もしかして、おばあちゃんは長期間入院していたか、闘病生活が長かったのではありませんか？　もしそうなら、足や腕に手術で切開した部分があったり、点滴あるいは静脈カテーテルが通されてできた穴があったかもしれませんね。あるいは病気や皮膚の老化によって慢性的な傷ができていた可能性もあります。傷は、あなたのように若ければ割と早く治りますが、重病人や高齢者だとなかなか治らないものなのです。死んでしまえばなおさらに、かさぶたができたり治ったりすることはありません。死んだときにあった傷はそのまま残るわけですね。ですから、おそらくおばあちゃんの担当者は、傷口や切開部にジェルかパウダーを塗って乾燥させてから、ラップを巻いて、液体が漏れ出さないようにしたのではないでしょうか。

ほかにも、体液が漏れやすくなる病気があります。たとえば糖尿病を患っていたり太りすぎていたりすると特に下半身の血行が悪くなりがちです。このように血の巡りが悪いと、水膨れになったり肌にトラブルが出たりすることがあります。そして、もしおばあちゃんに浮腫《ふしゅ》が見られるとなると、事態は（私たち葬儀屋にとって）さらに悪化します。浮腫という言葉はあまり聞きなれないかもしれませんが、葬祭ディレクターにとっては心臓が恐怖で凍りつきそうになるほどの威力をもった言葉になります。浮腫とは、体液が皮膚の下にたまって、体が異常に膨張することですが、その原因はさまざまです。もしかしたら、おばあちゃ

んはガンで化学療法や投薬治療を受けていたのかもしれません。あるいは、肝臓や腎臓がうまく機能していなかったことも考えられますし、感染症にかかっていたという可能性もあります。原因が何であれ、浮腫を起こして腫れた皮膚は紙のように薄くなっているので、液体が染み出しやすくなっています。ですから浮腫のある遺体を扱うときは、細心の注意を払わなくてはいけません。実際、浮腫によって体内の水分量は一〇パーセントも増えると言われます（体全体の水分量を考えれば、大量ですね）。それほど大量かつ余分な水分が体内にとどまっているのです。

担当者によっては、皮膚からの漏液を心配して、頭から足先までを覆う、ユニオノールというビニール製の人型納体袋を着せることもあります。見た目は大人版ロンパースみたいなものを想像してもらうとわかりやすいでしょう。また、漏れる部分が体の一部だけならば、ビニールのジャケットやカプリパンツ、ブーツ型のオーバーシューズといったように、その部分に合った製品を注文し、その上から衣服を着せることもできます。「裂けず、破れず、劣化もしない！」「業界一の品質！」など、葬儀用品会社による遺体用ロンパースの広告コピーはなかなかおもしろいものです。

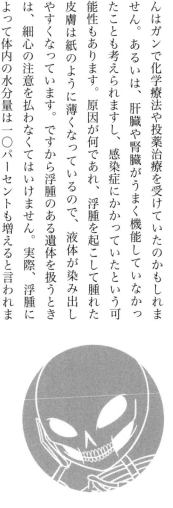

もしかしたら、質問者が目にしたのもユニオノールの一種だったのかもしれません。ですが、わたしたち葬祭ディレクターがよく使っているのは、古きよき食品用ラップ。料理が残ったときに使う、アレです。まだ問題が起こっていないなら、へたに手を加えるべからず、というわけですね。ですが、同業者でも神経質な人（慎重すぎる人とも言えます）ならば、遺体を特殊フィルムで覆ってからヘアドライヤーで加熱収縮させて密封する、シュリンク包装という方法を用い、さらにその上からユニオノールを着せる場合もあるようです。

でもね、ちょっと考えてみてほしいのですが（これは私と同僚がよく考えていることでもあります）、そもそも遺体からちょっぴり液体が漏れたからといって、そんなに大騒ぎする必要があるのでしょうか。確かに、遺体をきちんと管理したいとは思いますが、新生児が泣くのを止められないように、遺体が自然にしてしまうことを止めることはできません。私たちの葬儀社では、より自然な方法で遺体の準備にあたっています。遺体の保存に化学薬品を使うことはありませんし、化学パウダーを用いることもありません。遺族のご意向で自然葬にするなら、こういったものは使いたくても使えません。自然葬で遺体が身につけていられるのは、無漂白の綿でできた衣類だけなのです。

ですから、私たちの葬儀社に来てもらっていたら、おばあちゃんがラップで巻かれることはなかったでしょう。ただし、おばあちゃんと対面したときに目にされるであろうことについては――おばあちゃんの傷についても、体液が染み出てくる皮膚のことも、いずれにせよ楽しい内容ではないと思いますが――しっかりご説明させていただきます。覚えておいてほしいのは、こういったビニールやラップ類が葬儀社で使われるようになったのは、訴訟の問題があったからです。オフホワイトの裏地が張られた（ひじょうに高価な）棺や、ピーチカラーのシルクのワンピースなんかが汚れたり台なしになったりしたために、遺族が訴えたことがありました。葬祭ディレクターが遺体をちゃんと〝守って〟いなかった、というのです。

私たち葬儀屋は魔法使いではありませんし、どれほどラップを巻いたとしても、遺体が完璧に行儀よくふるまってくれるとは限りません。世の中にはありとあらゆるタイプの葬儀社があり、「よい遺体とはどういうものか」という問いに対して、それぞれ違った意見をもっていることでしょう。私は、よい遺体とは自然な遺体だと思っています。とはいえ、教会の仲間や親類全員が集まるようなお通夜をされる場合は、万事うまくいってほしいと遺族は願うでしょうし、おばあちゃんをラップで巻いてほしいという気持ちもわかります。ですから最終的には、ご遺族の意向を尊重して判断されるべきだと考えています。

おまけ 1

死に関する質問、5連発！

本書の質問は、山のように寄せられた質問から選ばれた精鋭ばかり。でも、残りの何百という質問の中には、とってもいい質問なのに回答の分量が少ないという、ただそれだけの理由で残されなかったものもありました（出版社が言うには、段落がひとつしかなければ〝章〟を成さないとのことです）。

そこで、これらの質問の価値を鑑みて、《死に関する質問、5連発！》としてここに発表したいと思います。

1 でっかいドラゴンのコスチュームを着て埋めてもらったら、環境に悪いのかな？

そのドラゴンのコスチュームの素材によりますよ！〝グリーンな〟とか〝自然《ナチュラル》な〟埋葬を選んだ場合、たいていは無漂白のコットンのような天然繊維しか身につけてはいけないことになっています。それじゃあ、ディスコで着るようなキンキラキンのポリエステルのボディースーツは……？　残念ですが、アウトです。インターネットで売りに出ているドラゴンの衣装も、ポリエステルやベロアでできているものは同じく不合格（でも、とってもかわいかったです！）。ですが、ご自身のコスチュームにかける熱い思いから、何とか天然素材でドラゴンの衣装を作ってしまうかもしれませんね。それなら、ほら、あなたは死者ながら、もうすでに伝説の麻布ドラゴンになっていますよ。ただし、もし口から火を吐いてみたいと思うなら、土葬ではなく火葬のほうがおススメかもしれません。

2　ハチミツを使えば体の腐敗は防げる？

まさにおっしゃる通り！　ハチミツはふつう腐りませんよね。ですから、死体を長期間保存するには、うってつけです。ハチミツの糖度はとても高いので、細菌が死体を食べるのを防いでくれるのです。しかもハチミツが水分で傷んでしまわないように、ハチミツの中にある酵素のひとつがグルコースと余分な水分を結合させて過酸化水素を作ります。そのため、ハチミツには殺菌作用もあるのです。ホルムアルデヒドなんてもう古い！　これからは、新しい保存方法、ハチミツ漬けの時代です！　実は、古代エジプトから現在のミャンマーに至るまで、人々はこれまでずっと、死体を含むいろんなものをハチミツで保存してきたのです。言い伝えによれば、アレキサンダー大王の遺体もハチミツで保存されていたそう。ただし彼のお墓の所在は、考古学の研究が進んだ今でもまだわかっていませんが。というわけで、ハチミツで死体を保存することは可能です。しかし、なぜかハチミツ漬けの方法は他と比べてあまり普及していません。今こそハチミツでの死体保存をもっと広める活動を始めようではありませんか！

3 火葬中に火葬炉が壊れたらどうなるの？

わかりません。できれば、そういうことはこれからも知らずにいたいものです。

4 腐敗した死体を食べる虫で、いちばんユニークなのは何？

いちばん有名なのはカツオブシムシでしょうが、死体は他の甲虫類にも人気です。たとえば、フンコロガシとかエンマムシとかシデムシとか。でも、最近私が気になっているのはヒョウホンムシ（*Ptinus*）。この虫は、死体が腐敗しきって白骨化し始める頃にやってきます。実際の時間軸で言えば、死後数年が経たないと現れない虫なのです。でも、その頃に残っているのは、前にやってきた虫たちが残していったものくらい（フンとか、蛹の抜け殻とか、さらにたくさんのフンとか）。ところが、この骨の上に薄く広がっている排泄物がヒョウホンムシは大好きなんです。「骨の上のフンが食べ放題だって？　ボクも仲間に入れて！」と寄ってきます。こうして、食いっぱぐれが誰も出ないようなシステムになっているんですね。

5　もし砂漠に放っておかれたら、太陽の熱で干からびてしまうかな？

もし死体が埋められず、砂漠の砂の上に放っておかれたら、すぐに乾燥して干からびてしまうでしょうね。ネコ砂やお米のように、砂にも乾燥剤として水分を逃がすはたらきがあるからです（スマートフォンをトイレに落としたら、生米の中にひと晩置いて休ませておくといいって言いますよね？　いわば、ここでは死体がスマホの立場になるわけです）。また、衣服も水分を逃がしやすいため、死体の乾燥を早めます。なお、甲虫やハエなどが嬉々として腐りかけの肉や組織を食べることができるのは、死体にまだ水分があるときだけ。時間が経てば組織が乾燥して硬くなってしまうので、虫は食べることができなくなります。こうして最終的に残るのは、骨と、羊皮紙のような手触りのボロボロの皮膚だけ。こうなると、遺体は完全にミイラ化し、明るいオレンジ色あるいは赤色に変化していることでしょう（ふつうの死体は、灰色がかった茶色をしています）。この砂漠のミイラをそのまま放置しておけば、理論上は何年もそのままの状態を保っていられるはずです。

おまけ 2

「うちの子、大丈夫かしら?」に専門家が答えます。

死体に関する専門家だからといって、子どもたちが心に抱える死への恐怖や不安に対して、うまい解決策を見つけられるとは限りません。本書を出版する前は、医学界からこんな声が上がるんじゃないかと心配していたんです。「ちょっと、勘弁してほしいな。そんじょそこらの葬儀屋が、死について子どもたちに話をしているって? そんなの、子どもたちを怖がらせるだけじゃないか!」

幸い、そういう意見は聞こえてきていません。今のところは、ですけど。医学的な見解では、死に関して率直かつ具体的な話をしたほうが、死に対する子どもたちの恐怖感は和らぎやすいとされています。私はシアトルにいる友人のアリシア・ジョルゲンソンにこの本の原稿を読んでもらい、意見を聞くことにしました。彼女は児童期と青年期を専門にしている精神科医です。ウジ虫などについて熱く語りすぎて、子どもたちに悪い影響を与えてしまわないどうか、確かめてもらいたかったのです。

とはいえ、保護者のみなさんの中には「うちのマーキィったら、死とか病気のことばっかりに興味があるみたいだけど……大丈夫なのかしら⁉」と悩んでいらっしゃる方もいるかもしれません。そんな方々のために、アリシア医師との対談を以下に記します。

ケイトリン　死ぬことを怖がったり心配したりする子どもたちを診察することはありますか？

アリシア医師　子どもがはっきりと「死ぬのが怖い」と言うことは、あまりありません。それよりも、自分や親の健康状態とか菌や汚染物質なんかについて、怖いとか不安だとかいう気持ちを語ることのほうが多いですね。

ケイトリン　では、死に対する恐怖心というのは、特に小さい子どもなら、健康に対する不安という形で現れやすいのでしょうか？

アリシア医師　その通りです。健康に対する不安は、死恐怖症《タナトフォビア》によく見られる兆候です。興味深いのは、健康に対する不安すら口に出さない子どももいることです。そういった子どもは、代わりに腹痛や頭痛といったような不安障害の初期症状を示すことがあります。また、眠りに就くことに対して不安を募らせる子どももいました。これは、誰かが「眠っている間に亡くなった」と耳にした子どもに顕著だったりします。

ケイトリン　実際は死への恐れに起因していると思われる、よくある不安症状にはどういったものがありますか？

アリシア医師　〝逝《い》く〟とか〝（誰かを）亡くした《ロスト》〟といった婉曲的な表現は、幼い子どもにとって意味がわかりにくいものです。「弟（妹）がスーパーで迷子になった《ロスト》」といったような状況でも同じような言い方をするため、子どもは混乱しやすいのです。また、「病院で死んだ」というような言い方にも気をつけたほうがいいでしょう。子どもによっては、病院へ行ったら死んでしまうと思い込んで、病院に対する恐怖症につながる場合があります。発達の面で捉えると、三～五歳の幼児であれば、死という抽象的な概念を理解できないのがふつうで、むしろ死を、アニメ番組であるような一時的あるいは可逆的な状態だととらえています。もう少し大きい子どもでも、論理的な推論はまだ確立していないため、身の回りの現象を理解するために連想的なプロセスを用いています。多くの専門家たちによれば、最終的かつ非可逆的な死の概念は、九歳前後になるまで理解されないとされているのです。ですから、周りの大人たちは言葉選びに気をつけて、はっきり〝死〟という言葉を使うほうがいいでしょう。そして、死が何を意味しているのか、具体的に詳しく伝えるようにするのです。

ケイトリン　具体的に伝えるためにはどうすればいいでしょうか。

アリシア医師　わかりやすい言葉を使って、正直にまっすぐな気持ちで伝えるといいでしょう。たとえば〝死〟〝死んだ〟〝もうすぐ死ぬ〟といった表現を使って、死がどういうものなのかをはっきりさせるほうがいいと思います。死ぬと、体は機能しなくなる、動くこともなくなる、何も感じなくなる。死んでしまった人は生き返らない。そんな死の概念を小さな子どもが理解するのは難しいかもしれませんが、「おじいちゃんは死んでしまったけれど、おじいちゃんとの思い出は、心の中で生き続けるよ」というふうに正直にお話されたらいいと思います。

ケイトリン　子どもが死を怖がるのはふつうだと考えていいのでしょうか。

アリシア医師　もちろんです！　ストレスの多い状況や知らない世界を経験するときは、誰でも不安を抱くものですし、それがあたりまえです。ですから、誰かが死んだときに子どもが不安を覚えるのは自然なことです。親であれば、どうやって子どもに死について説明すればいいかと悩むでしょうが、これもまた当然です。そんなときのために、親として伝えるべきことをあらかじめ準備しておいてもいいですね。また、子どもというものは親をロールモデルにして、死に対する考えや行動を自分なりに形作っていくものだということも心に留めておきましょう。

ケイトリン　子どもが死について考えすぎたり、とらわれすぎたりしてしまうことはないのでしょうか。

アリシア医師　そういうことは、確かにあります。不安障害は、よくあるふつうの不安とは違います。不安障害を抱える子どもは、何かに対して極度の不安を感じたり、不安を駆り立てる行動を避けたりします。そうなってしまうと、子どもは自身がもっている能力を十分発揮することができません（たとえば、学校へ行きたがらないとか、常に親のそばにいたいという状態になります）。不安障害といわれるものには、何かよくないことが起こるという、非現実的な恐れが伴います。たとえば、病気でもないのに、なぜか自分の親が死んでしまうのではないかと、日々不安に襲われてしまうような状態です。身の回りで起こった悪いできごと（誰かの死など）が発端となって発症するケースもありますが、ある日突然に発症してしまうこともあります。不安障害の子どもの親が同じように不安障害を抱えているケースも少なくないため、不安の感じやすさは、遺伝的要因と環境的要因の両方が影響しているとも考えられます。幸い、児童期・青年期の不安障害については、とてもよい治療法があります。一般的には、トークセラピーから始め、場合によっては投薬治療を組み合わせることもあるでしょう。

ケイトリン　子どもの頃、私は親が死んでしまうのではないかとずっと恐れていたんです！

アリシア医師　死のことばかり考えていたんですね、ケイトリン！　こんなときには、次のような言葉をかけてあげると、気持ちが少し楽になるかもしれません。「お父さんやお母さんが死なないという約束はできないけれど、病気にならないように体を毎日大切にすることはできる。そうすれば、これからもずっと一緒に過ごしていけるね」。

大切なのは、自分の愛する誰かが病気になったときや死にかけているとき、死んでしまったときに、不安や悲しみの感情を抱くのは当然だし、それでいいということです。

ケイトリン　大人が悲しんだり落ち込んだりしている姿を子どもに見せても大丈夫なのでしょうか。

アリシア医師　大人はみんな、自分なりのやり方で悲しみを表すものです。とはいえ、悲しみを我慢せずに表に出すのは、いいことですよ。大変な状況なのに、大人の表情やしぐさが「すべて順調」というメッセージを出していれば、子どもはかえって混乱してしまいますからね。なので、子どもの前で泣いてしまったとしても大丈夫です。むしろ、なぜ悲しんでいるのかを説明してあげましょう。理由がわからなければ、「なぜだかわからないけれど、悲しいの」と言ってもいいのです。

ケイトリン　子どもたちが経験する悲しみは、大人と同じものなのでしょうか。

アリシア医師　そうとは言い切れないですね。大人なら言葉で悲しみを表現できるでしょうが、子どもたちも同じようにできるとは限りません。思うに、悲しみは自然な感情であるものの、そこには複雑な面もあります。そして、何かを失うという経験をした人なら誰にでも生じうる感情です。たとえば、お気に入りだったぬいぐるみがなくなってしまったり、新しい家に移り住んだりすることが、初めての悲しみになるかもしれません。ペットの死が子どもにとって初めての〝死〟の経験になる場合も、よくあることです。ふつうは、死んでしまった人物・動物と親しければ親しいほど、悲しみは深くなるものです。ただ、子どもであっても大人であっても、悲しみ方は人それぞれ。正解も不正解もありません。

ケイトリン　誰かが亡くなったときに子どもたちが見せる感情あるいは行動には、どのようなものがあるでしょうか。

アリシア医師　死を経験した子どもたちには、かんしゃく、悲しみ、不安といったさまざまな感情が見られます。また、気丈にふるまうことも彼らにしてみれば自然なことなのですが、親からすれば、何を考えているのかわからないと感じられるかもしれません。そんなときは、子どもと話す機会を作り、気持ちを確かめてみてもいいですね。ただし、自分の感情や悲しみを無意識に相手に押しつけていないかどうか、気をつけるようにしましょう。悲しみに暮れる家族に対しては、日々のルーティンを守るようによくアドバイスをしています。同じ時間に起き、いつもの朝食をとり、遊び、学校へ行く、といった具合に、毎日同じことを繰り返すほうが子どもは安心するのです。また、子どもにとって（そして大人にとっても）通夜や葬式といった儀式には、死を受け入れやすくするという意味があります。もし、お葬式をされるのなら、親や周りの大人たちは、子どもに心の準備をさせておきましょう。たとえば、「死んでしまったおばあちゃんは、生きていたときとは、違って見えるんだよ」というように声をかけてあげてもいいですね。とは言うものの、もし子どもがお葬式へ行きたがらなければ、無理に連れていく必要はありません。故人の思い出を子どもと一緒に話し合うのもおすすめです。故人について覚えていることを子どもに話してもらってもいいでしょう。

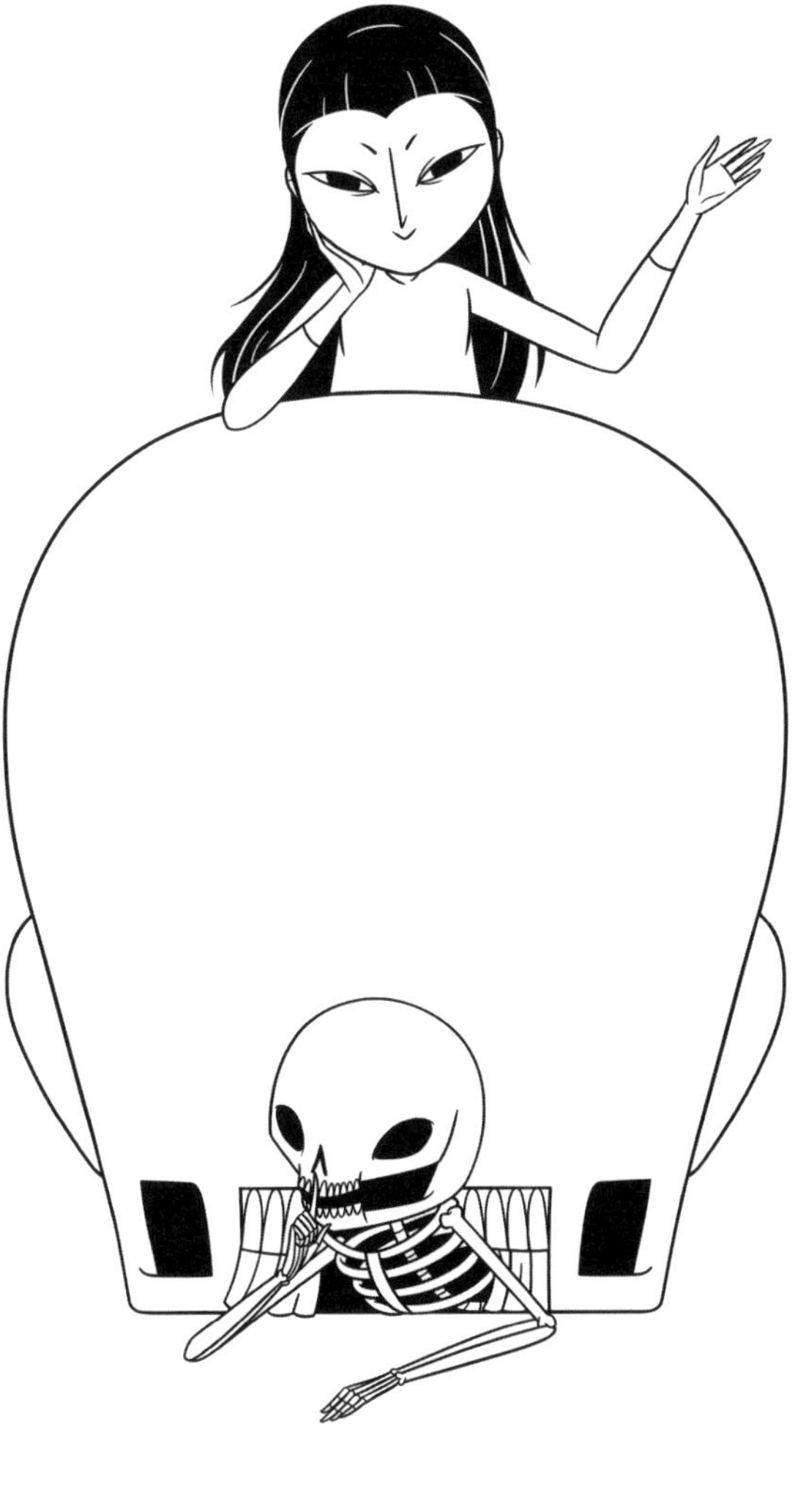

謝辞

死に興味をもっている小さき天使たちへ。この本が生まれたのは、あなたたちからの質問があったからこそ。そんな好奇心旺盛な天使たちと理解ある保護者の方々に感謝します。

編集者のトム・メイヤーは、ふだんは有識者向けの作品（たとえば、アフガニスタンとか、ジャズの歴史とか）を手掛けることが多いのですが、今回私の担当となって死体のウンチについて書かれた原稿に四校まで目を通してくれました。どれだけ感謝してもしきれません。

エージェントのアンナ・スプロール＝ラティマーには、三人のすばらしい子どもたちがいます。その子どもたちも大きくなったので、ケイトリンおばちゃんが腐敗の進み方を説明してもきっと理解できることでしょう。ずっとお世話になっているアンナに、これでやっと恩返しができます。

学術系出版社であるW. W. Norton社で、本書の出版に携わってくれた方々。「本のタイトルは『おばあちゃんのバイキング式お葬式』か『ネコに目玉を食べられた』のどっちがいいか」といった質問にも大まじめに答えてくださり、ありがとうございます。編集メンバーのエリン・ロヴェット、スティーヴ・コルカ、ネオマ・アマディ＝オビィに感謝します。それから、デザインなど制作面全般でお世話になった、インスー・リュー、スティーヴ・アタード、ブレンダン・カリー、スティーヴン・ペイス、エリザベス・カー、ニコラ・デロバティス＝ザイ、ローレン・アバーテ、ベッキー・ホミスキ、アレグラ・ヒューストン、ありがとうございます。

それから、ルイーズ・ハンとリー・コワート。あなたたちの鋭い目とリサーチスキルがなければ、私は混乱という荒野をさまよう亡霊となっていたことでしょう。

専門家であり私の友人でもいてくれる、タニア・マーシュ、ノーラ・メンキン、ジュディ・メリネック、ジェフ・ジョルゲンソン、モニカ・トレス、マリアンヌ・ハメル、アンバー・カーヴァリーに感謝します。

〝よき死の会（The Order of the Good Death）〟の全メンバーと、そのなかでも、暗く残酷な社会から私を守ってくれているサラ・チャベスには、よりいっそうの感謝を。

悪魔並みの天才イラストレーター、ディアン・ルスに感謝します。

そして最後になりましたが、我が同志であるライアン・セイラーに心からの感謝を送りたいと思います。

訳者あとがき――〝死〟について考えたこと、ありますか？

「死んだらどうなるの？」――もし子どもからそんな質問を受けたら、私はきっと怯んでしまうでしょう。死んだらどうなるか、なんて、自分にもわからないですし、かといって、「天国と地獄があって……云々」という答えで納得してもらえる自信もありません。実際に天国と地獄があるかどうかも知らないからです。このように、問いに対して正直であろうとすればするほど、説明することは困難に感じられます。そもそも、私はこれまで〝死〟についてきちんと考えたことがありませんでした。ふとした瞬間に「死んだらどうなるか」という問いが頭の片隅をかすめることはあっても、ふだんの生活ではあえてその問いを封印している。なぜか。日々の生活に追われて考える暇がないというのもありますが、やはり「死を考えるのが怖いから」というのが正直なところ。まさに著者ケイトリン・ドーティがまえがきで指摘している通りですね。おそらく、本書を手に取ってくださった読者のなかにも、「〝死〟についてなんて、あまり考えたくない」という方もいらっしゃるのでは？（反対に、「死にすっごく興味があって、いつも考えてる！」という方もいらっしゃるかもしれませんが）。

〝死〟には、縁起の悪い、不吉なイメージがあります。漠然とでも自分や大切な人が死ぬことを考えてしまったとき、「ああ、死ぬことを考えちゃった。現実になったらどうしよう！」と、その思考自体に追い詰められてしまうことって、ありませんか？（私には、あります！）。というわけで、私にとっての〝死〟も、何か得体の知れない不気味なものであり、できればずっとお近づきにはなりたくない存在だったのでした。

そんな私でしたが、今回の翻訳のお仕事を機に自分の死について考えてみることにしました。そしたら案の定、急に不安に襲われました。自分という存在は消滅するのか、はたまたどこか別次元で生き続けるのか。そんなオカルトチックなことばかりが気になって、一時は「臨死体験」や「生まれ変わり」なんかに関する本ばかり読んでしまうというありさま（ちなみに本書でも、臨死体験について質問された章「死ぬときには白い光が見えるって本当？」がありますね）。ところが、いざ本書を読み進めていくうちに、なぜか恐怖心は薄らいでいきました。言い換えると、死という現象に対する興味のほうが強くなってきたのです。死後の体に起こる変化に驚嘆したり、死肉を食べる生物たちがなんともいえず魅力的に思えてきたり、死後の体をきれいに保存しようと奮闘してきた人類の切なる努力や子どもたちの発想力の豊かさに感じ入ったりしているうちに、「いや、もう、ほんとに、生きてるってすばらしい！」と、しみじみ思えてきたから不思議です。本書を読むことは、ある意味で死という対象に慣れるためのセラピーなのではないかとまで思えるほどに。こうして私はまんまと、ドーティの術中にはまってしまったのでした。

さて、本書は子どもたちから寄せられた〝死〟に関する種々の質問と、それに対する著者の答えから構成されています。中には、荒唐無稽すぎてばかばかしいように思われる質問や、「死を軽く扱いすぎじゃないの？」というご指摘を受けそうな質問もあるかもしれません。しかし、少し考えてみていただきたいのです。現代の日本やアメリカといった国々において、子どもたちが日常としての〝死〟に触れる機会はいったいどれだけあるでしょうか。仮に子どもたちが〝死〟について知りたいと思ったとしても、真摯に答えられる人が周りにどれだけいるでしょうか。大人以上に〝死〟から隔離された環境におかれている子どもたち。そんな彼らから寄せられた質問は、一見ばかばかしくて不謹慎な内容に思われるかもしれませんが、子どもたちなりに必死に〝死〟を知ろうとしている姿ともとらえられます。ですからドーティは、普通の大人ならたじろいでしまうような質問に対しても、適当な言葉でお茶を濁したりしません。ユーモアを交えつつも、しごく大まじめに答えるのです。

しかし、彼女はなぜ、このような本を執筆しようと思ったのでしょうか。それは彼女自身が、死に囚われた子ども時代を過ごしたことと関係があるように思えます。

彼女は八歳のときに、一人の少女が転落死するところを目撃しています。このできごとについては、前著『煙が目にしみる』（池田真紀子訳／国書刊行会、二〇一六年）に詳しいのですが、その中で彼女は次のように述べています。「このエピソードのびっくりポイントは、人が死ぬところを八歳の子供が目撃したことではない。八歳になるまで人の死に接したことがなかったという点だ」。

死にまったく無防備であった少女が、ある日突然遭遇した〝死〟。その後の彼女のトラウマを想像するのは容易ではありません。死の恐怖にかられておこなう強迫性行動の数々に苦しめられた子ども時代を経て、大人になった彼女は葬儀会社で働き始めます。心の奥にずっと抱えていた死神の恐怖に向き合うため、言い換えると「死について知るため」でした。

得体の知れない〝死〟は怖く、時に不快に感じられます。しかし、死は誰しもがいつかは経験するもの。何人たりともこれを避けることはできないからこそ、もっと死について知る必要があるのではないか――葬儀会社で火葬技師として働き、死の存在をより身近に受け止めるようになったケイトリンは、そう考えたのかもしれません。そして、死が自然であたりまえであるからこそ、必要以上に恐れないでほしいということを、何よりも子どもたち、ひいては八歳当時の自分に伝えたかったのではないでしょうか。

最後に、本書を読んで〝死〟が単に不気味で怖いだけのものから、ほんの少しでも興味をもって「知りたい」と思える対象と感じてもらえたのなら、訳者としてはこの上なく幸せに思います。そして望むらくは、本書が〝死〟の不安を和らげ、輝ける〝生〟を生きるための一助となりますことを。とはいえ、本書はただおもしろく読んでいただくだけでも、ケイトリン・ドーティの魅力（魔力？）はじわじわと効いてきますので、どうぞご安心くださいませ。

二〇二一年六月吉日

十倉実佳子

EnactedLegislation/Statutes/PDF/ByArticle/Chapter_90/Article_13F.pdf.

33. ミイラに包帯を巻くときって臭かった？

"The Chemistry of Mummification." *Compound Interest*, October 27, 2016. http://www.compoundchem.com/2016/10/27/mummification/.
Krajick, Kevin. "The Mummy Doctor." *New Yorker*, May 16, 2005.
Smithsonian Institution. "Ancient Egypt/ Egyptian Mummies." https://www.si.edu/spotlight/ancient-egypt/mummies.

34. お通夜で見たおばあちゃんのブラウスの下にビニールみたいなものが巻かれていたのはどうして？

Faull, Christina, and Kerry Blankley. "Table 7.2: Care for a Patient After Death." *Palliative Care*. 2nd edition. Oxford, UK: Oxford University Press, 2015.
Smith, Matt. "Embalming the Severe EDEMA Case: Part 1." *Funeral Business Advisor*, January 26, 2016. https://funeralbusinessadvisor.com/embalming-the-severe-edema-case-part-1/funeral-business-advisor.
Payne, Barbara. "Winter 2015 dodge magazine." https://issuu.com/ddawebdesign/docs/winter_2015_dodge_magazine.

Nails." *Live Science*, October 1, 2015. https://www.livescience.com/52356-science-of-worlds-longest-fingernails.html.

Hammond, Claudia. "Do your hair and fingernails grow after death?" *BBC Future*, May 28, 2013. http://www.bbc.com/future/story/20130526-do-your-nails-grow-after-death.

Aristotle. "De Generatione Animalium." *The Works of Aristotle*, edited by J. A. Smith and W. D. Ross, vol. 5. Oxford: Clarendon Press, 1912. 『動物発生論』アリストテレス，島崎三郎 訳（岩波書店，1969）

"Editorial: The Druce Case." *Edinburgh Medical Journal* 23: 97–100. Edinburgh and London: Young J. Pentland, 1908.

32. 火葬後の遺骨をアクセサリーにできる？

Nora Menkin（People's Memorial Association および the Co-op Funeral Home のエグゼクティブ・ディレクター）からは本章に関する重要な情報を提供いただいた。

Kim, Michelle. "How Cremation Works." *How Stuff Works*. https://science.howstuffworks.com/cremation2.htm.

FuneralWise. "The Cremation Process." https://www.funeralwise.com/plan/cremation/cremation-process/.

Chesler, Caren. "Burning Out: What Really Happens Inside a Crematorium." *Popular Mechanics*, March 1, 2018. https://www.popularmechanics.com/science/health/a18923323/cremation/.

Absolonova, Karolina, Miluše Dobisíková, Michal Beran, Jarmila Zoková, and Petr Veleminsky. "The temperature of cremation and its effect on the microstructure of the human rib compact bone." *Anthropologischer Anzeiger* 69, no. 4 (November 2012): 439–60. https://www.researchgate.net/publication/235364719_The_temperature_of_cremation_and_its_effect_on_the_microstructure_of_the_human_rib_compact_bone.

The Funeral Source. "Asian Funeral Traditions." http://thefuneralsource.org/trad140205.html.

Treasured Memories. "Japanese Cremation Ceremony: A Celebration of Life." https://tmkeepsake.com/blog/celebration-life-japenese-cremation-ceremony/.

Perez, Ai Faithy. "The Complicated Rituals of Japanese Funerals." *Savvy Tokyo*, October 21, 2015. https://savvytokyo.com/the-complicated-rituals-of-japanese-funerals/.

LeBoutillier, Linda. "Memories of Japan: Cemeteries and Funeral Customs." *Random Thoughts . . . a beginner's blog*, January 8, 2014. http://mettahu.blogspot.com/2014/01/memories-of-japan-cemeteries-and.html.

Imaizumi, Kazuhiko. "Forensic investigation of burnt human remains." *Research and Reports in Forensic Medical Science* 2015, no. 5 (December 2015): 67–74. https://www.dovepress.com/forensic-investigation-of-burnt-human-remains-peer-reviewed-fulltext-article-RRFMS.

North Carolina Legislature. "Article 13F: Cremations." https://www.ncleg.net/

2017. https://www.npr.org/sections/13.7/2017/05/18/528736490/when-whole-family-cemeteries-include-our-pets.
Green Pet-Burial Society. "Whole-Family Cemetery Directory – USA." https://greenpetburial.org/providers/whole-family-cemeteries/.
Nir, Sarah Maslin. "New York Burial Plots Will Now Allow Four-Legged Companions." *New York Times*, October 6, 2016. https://www.nytimes.com/2016/10/07/nyregion/new-york-burial-plots-will-now-allow-four-legged-companions.html.
Banks, T. J. "Why Some People Want to Be Buried With Their Pets." *Petful*, August 28, 2017. https://www.petful.com/animal-welfare/can-pet-buried/.
Vatomsky, Sonya. "The Movement to Bury Pets Alongside People." *Atlantic*, October 10, 2017. https://www.theatlantic.com/family/archive/2017/10/whole-family-cemeteries/542493/.
Blain, Glenn. "New Yorkers can be buried with their pets under new law." *New York Daily News*, September 26, 2016. https://www.nydailynews.com/new-york/new-yorkers-buried-pets-new-law-article-1.2807109.
LegalMatch. "Pet Burial Laws." https://www.legalmatch.com/law-library/article/pet-burial-laws.html.
Isaacs, Florence. "Can You Bury Your Pet With You After You Die?" Legacy.com, "2 years ago" (from February 13, 2019). http://www.legacy.com/news/advice-and-support/article/can-you-bury-your-pet-with-you-after-you-die.
Pruitt, Sarah. "Scientists Reveal Inside Story of Ancient Egyptian Animal Mummies." *History*, May 12, 2015. https://www.history.com/news/scientists-reveal-inside-story-of-ancient-egyptian-animal-mummies.
Faaberg, Judy. "Washington state seeks to force cemeteries to bury pets with their humans." International Cemetery, Cremation and Funeral Association, blog post, January 16, 2009. https://web.archive.org/web/20100215045254/http:/iccfa.com/blogs/judyfaaberg/2009/01/15/washington-state-seeks-force-cemeteries-bury-pets-their-humans.
"Benji I." Find A Grave. https://www.findagrave.com/memorial/7376655/benji_i.
Street, Martin, Hannes Napierala, and Luc Janssens. "The late Paleolithic dog from Bonn-Oberkassel in context." *In The Late Glacial Burial from Oberkassel Revisited*, edited by L. Giemsch and R. W. Schmitz. Rheinische Ausgrabungen 72: 253–74. https://www.researchgate.net/publication/284720121_Street_M_Napierala_H_Janssens_L_2015_The_late_Palaeolithic_dog_from_Bonn-Oberkassel_in_context_In_The_Late_Glacial_Burial_from_Oberkassel_Revisited_L_Giemsch_R_W_Schmitz_eds_Rheinische_Ausgrabungen_72.

31. 棺に入れて埋められた後も髪の毛は伸びる？

Palermo, Elizabeth. "30-Foot Fingernails: The Curious Science of World's Longest

28. 死体ってどんなにおいがするの？
Costandi, Moheb. "The smell of death." *Mosaic*, May 4, 2015. https://mosaicscience.com/extra/smell-death/.
Verheggen, François, Katelynn A. Perrault, Rudy Caparros Megido, Lena M. Dubois, Frédéric Francis, Eric Haubruge, Shari L. Forbes, Jean-François Focant, and Pierre-Hugues Stefanuto. "The Odor of Death: An Overview of Current Knowledge on Characterization and Applications." *BioScience* 67, no. 7 (July 1, 2017): 600–13. https://doi.org/10.1093/biosci/bix046.
Ginnivan, Leah. "The Dirty History of Doctors' Hands." *Method*, n.d. http://www.methodquarterly.com/2014/11/handwashing/.
Haven, K. F. *100 Greatest Science Inventions of All Time*. Westport, CT: Libraries Unlimited, 2005. See pp. 118–19.
Izquierdo, Cristina, José C. Gómez-Tamayo, Jean-Christophe Nebel, Leonardo Pardo, and Angel Gonzalez. "Identifying human diamine sensors for death related putrescine and cadaverine molecules." *PLoS Computational Biology* 14, no. 1 (January 11, 2018): e1005945. https://doi.org/10.1371/journal.pcbi.1005945.

29. 戦争に行った兵士がで遠くの国で死んだらどうなる？　死体が見つからなかったら？
Kuz, Martin. "Death Shapes Life for Teams that Prepare Bodies of Fallen Troops for Final Flight Home." *Stars and Stripes*, February 17, 2014. https://www.stripes.com/death-shapes-life-for-teams-that-prepare-bodies-of-fallen-troops-for-final-flight-home-1.267704.
Collier, Martin, and Bill Marriott. *Colonisation and Conflict 1750–1990*. London: Heinemann, 2002.
Beatty, William. *The Death of Lord Nelson*. London: T. Cadell and W. Davies, 1807.
Lindsay, Drew. "Rest in Peace? Bringing Home U.S. War Dead." *MHQ Magazine*, Winter 2013. https://www.historynet.com/rest-in-peace-bringing-home-u-s-war-dead.htm.
Quackenbush, Casey. "Here's How Hard It Is to Bring Home Remains of U.S. Soldiers, According to Experts." *Time*, July 27, 2018. http://time.com/5322001/north-korea-war-remains-dpaa/.
Defense POW/MIA Accounting Agency. "Fact Sheets." http://www.dpaa.mil/Resources/Fact-Sheets/.
Dao, James. "Last Inspection: Precise Ritual of Dressing Nation's War Dead." *New York Times*, May 25, 2013. https://www.nytimes.com/2013/05/26/us/intricate-rituals-for-fallen-americans-troops.html.

30. ペットのハムスターと同じお墓に入りたいんだけど？
King, Barbara J. "When 'Whole-Family' Cemeteries Include Our Pets." NPR, May 18,

Hall, E. Raymond, and Ward C. Russell. "Dermestid Beetles as an Aid in Cleaning Bones." *Journal of Mammalogy* 14, no. 4 (November 13, 1933): 372–74. https://doi.org/10.1093/jmammal/14.4.372.

Henley, Jon. "Lords of the flies: the insect detectives." *Guardian*, September 23, 2010. https://www.theguardian.com/science/2010/sep/23/flies-murder-natural-history-museum.

Monaco, Emily. "In 1590, Starving Parisians Ground Human Bones Into Bread." *Atlas Obscura*, October 29, 2018. https://www.atlasobscura.com/articles/what-people-eat-during-siege.

Vrijenhoek, Robert C., Shannon B. Johnson, and Greg W. Rouse. "A remarkable diversity of bone-eating worms (Osedax; Siboglinidae; Annelida)." *BMC Biology* 7 (November 2009): 74. https://doi.org/10.1186/1741-7007-7-74.

Zanetti, Noelia I., Elena C. Visciarelli, and Néstor D. Centeno. "Trophic roles of scavenger beetles in relation to decomposition stages and seasons." *Revista Brasileira de Entomologia* 59, no. 2 (2015): 132–37. http://dx.doi.org/10.1016/j.rbe.2015.03.009.

27. 埋葬するときに地面がカチカチに凍っていたらどうする?

Liquori, Donna. "Where Death Comes in Winter, and Burial in the Spring." *New York Times*, May 1, 2005. https://www.nytimes.com/2005/05/01/nyregion/where-death-comes-in-winter-and-burial-in-the-spring.html.

Rylands, Traci. "The Frozen Chosen: Winter Grave Digging Meets Modern Times." *Adventures in Cemetery Hopping* (blog), February 27, 2015. https://adventuresincemeteryhopping.com/2015/02/27/frozen-funerals-how-grave-digging-meets-modern-times/.

"Cold Winters Create Special Challenges for Cemeteries." *The Funeral Law Blog*, April 26, 2014. https://funerallaw.typepad.com/blog/2014/04/cold-winters-create-special-challenges-for-cemeteries.html.

Schworm, Peter. "Icy weather making burials difficult." Boston.com (website of *Boston Globe*), February 9, 2011. http://archive.boston.com/news/local/massachusetts/articles/2011/02/09/icy_weather_making_burials_difficult/.

Lacy, Robyn. "Winter Corpses: What to do with Dead Bodies in colonial Canada." *Spade and the Grave* (blog), February 18, 2018. https://spadeandthegrave.com/2018/02/18/winter-corpses-what-to-do-with-dead-bodies-in-colonial-canada/.

"Funeral Planning: Winter Burials." iMortuary, blog post, November 2, 2013. https://www.imortuary.com/blog/funeral-planning-winter-burials/.

Rutledge, Mike. "Local woman hopes to restore historic vault at Hamilton cemetery." *Journal–News*, August 26, 2017. https://www.journal-news.com/news/local-woman-hopes-restore-historic-vault-hamilton-cemetery/zUekzY68vA9biv8NVfqJVN/.

but your grave isn't." *The Conversation*, November 5, 2014. http://theconversation.com/losing-the-plot-death-is-permanent-but-your-grave-isnt-33459.
National Center for Health Statistics. "Deaths and Mortality." Centers for Disease Control and Prevention, updated May 3, 2017. https://www.cdc.gov/nchs/fastats/deaths.htm.
de Sousa, Ana Naomi. "Death in the city: what happens when all our cemeteries are full?" *Guardian*, January 21, 2015. https://www.theguardian.com/cities/2015/jan/21/death-in-the-city-what-happens-cemeteries-full-cost-dying.
Ryan, Kate, and Christine Steinmetz. "Housing the dead: what happens when a city runs out of space?" *The Conversation*, January 4, 2017. https://theconversation.com/housing-the-dead-what-happens-when-a-city-runs-out-of-space-70121.
National Environmental Agency, Singapore. "Post Death Matters." Updated June 20, 2018. https://www.nea.gov.sg/our-services/after-death/post-death-matters/burial-cremation-and-ash-storage.

25. 死ぬときには白い光が見えるって本当？

Konopka, Lukas M. "Near death experience: neuroscience perspective." *Croatian Medical Journal* 56, no. 4 (August 2015): 392–93. https://doi.org/10.3325/cmj.2015.56.392.
Mobbs, Dean, and Caroline Watt. "There is nothing paranormal about near-death experiences: how neuroscience can explain seeing bright lights, meeting the dead, or being convinced you are one of them." *Trends in Cognitive Sciences* 15, no. 10 (October 1, 2011): 447–49. https://doi.org/10.1016/j.tics.2011.07.010.
Lambert, E. H., and E. H. Wood. "Direct determination of man's blood pressure on the human centrifuge during positive acceleration." *Federation Proceedings* 5, no. 1 pt. 2 (1946): 59. https://www.ncbi.nlm.nih.gov/pubmed/21066321.
Owens, J. E., E. W. Cook, and I. Stevenson. "Features of 'near-death experience' in relation to whether or not patients were near death." *Lancet* 336, no. 8724 (November 10, 1990): 1175–77. https://www.ncbi.nlm.nih.gov/pubmed/1978037.
van Lommel, P., R. van Wees, V. Meyers, and I. Elfferich. "Near-death experience in survivors of cardiac arrest: a prospective study in the Netherlands." *Lancet* 358, no. 9298 (December 15, 2001): 2039–45. https://www.ncbi.nlm.nih.gov/pubmed/?term=Elfferich%20I%5BAuthor%5D&cauthor=true&cauthor_uid=11755611.
Tsakiris, Alex. "What makes near-death experiences similar across cultures? L-O-V-E." *Skeptiko*, January 27, 2019. https://skeptiko.com/265-dr-gregory-shushan-cross-cultural-comparison-near-death-experiences/.

26. 虫はどうして人間の骨まで食べないの？

Bloudoff-Indelicato, Mollie. "Flesh-Eating Beetles Explained." *National Geographic*, 17 January 17, 2013. https://blog.nationalgeographic.org/2013/01/17/flesh-eating-beetles-explained/.

23. 死んだニワトリは食べるのに、死んだ人間を食べないのはなぜ?
Price, Michael. "Why don't we eat each other for dinner? Too few calories, says new cannibalism study." *Science*, April 6, 2017. http://www.sciencemag.org/news/2017/04/why-don-t-we-eat-each-other-dinner-too-few-calories-says-new-cannibalism-study.
Cole, James. "Assessing the Calorific Significance of Episodes of Human Cannibalism in the Palaeolithic." *Scientific Reports* 7, article no. 44707 (April 6, 2017). https://www.nature.com/articles/srep44707.
Liberski, Pawel P., Beata Sikorska, Shirley Lindenbaum, Lev G. Goldfarb, Catriona McLean, Johannes A. Hainfellner, and Paul Brown. "Kuru: Genes, Cannibals and Neuropathology." *Journal of Neuropathology and Experimental Neurology* 71, no. 2 (February 2012). https://www.ncbi.nlm.nih.gov/pmc/articles/PMC5120877/.
González Romero, María Soledad, and Shira Polan. "Cannibalism Used to Be a Popular Medical Remedy—Here's Why Humans Don't Eat Each Other Today." *Business Insider*, June 7, 2018. https://www.businessinsider.com/why-self-cannibalism-is-bad-idea-2018-5.
Wordsworth, Rich. "What's wrong with eating people?" *Wired*, October 28, 2017. https://www.wired.co.uk/article/lab-grown-human-meat-cannibalism.
Borreli, Lizette. "Side Effects Of Eating Human Flesh: Cannibalism Increases Risk of Prion Disease, And Eventually Death." *Medical Daily*, May 19, 2017. https://www.medicaldaily.com/side-effects-eating-human-flesh-cannibalism-increases-risk-prion-disease-and-417622.
Scutti, Susan. "Eating Human Brains Led To A Tribe Developing Brain Disease-Resistant Genes." *Medical Daily*, June 11, 2015. https://www.medicaldaily.com/eating-human-brains-led-tribe-developing-brain-disease-resistant-genes-337672.
Rettner, Rachael. "Eating Brains: Cannibal Tribe Evolved Resistance to Fatal Disease." *Live Science*, June 12, 2015. https://www.livescience.com/51191-cannibalism-prions-brain-disease.html.
Rense, Sarah. "Let's Talk About Eating Human Meat." *Esquire*, April 7, 2017. https://www.esquire.com/lifestyle/health/news/a54374/human-body-parts-calories/.
"Table 1: Average weight and calorific values for parts of the human body." *Scientific Reports*. https://www.nature.com/articles/srep44707/tables/1.
Katz, Brigit. "New Study Fleshes Out the Nutritional Value of Human Meat." *Smithsonian*, April 7, 2017. https://www.smithsonianmag.com/smart-news/ancient-cannibals-did-not-eat-humans-nutrition-study-says-180962823/.

24. 墓地が死体でいっぱいになって埋めるところがなくなったらどうなる?
Biegelsen, Amy. "America's Looming Burial Crisis." *CityLab*, October 31, 2012. https://www.citylab.com/equity/2012/10/americas-looming-burial-crisis/3752/.
Wallis, Lynley, Alice Gorman, and Heather Burke. "Losing the plot: death is permanent,

cut-off-a-man-s/article_53334715-8122-510f-9945-dc84e1d3bf6f.html.
Fast Caskets. "What size casket do I need for my loved one?" https://blog.fastcaskets.com/2016/05/31/what-size-casket-do-i-need-for-my-loved-one/.
US Funerals Online. "Can an Obese Person be Cremated?" http://www.us-funerals.com/funeral-articles/can-an-obese-person-be-cremated.html#.W9y5P3pKjOQ.
Cremation Advisor. "What happens during the cremation process? From the Funeral Home receiving the deceased for cremation, to giving the family the cremated remains." DFS Memorials, July 26, 2018. http://dfsmemorials.com/cremation-blog/tag/oversize-cremation/.
US Cremation Equipment. "Products: Human Cremation Equipment." https://www.uscremationequipment.com/products/.

22．死んだ後でも献血できるって本当？

Babapulle, C. J., and N. P. K. Jayasundera. "Cellular Changes and Time since Death." *Medicine, Science and the Law* 33, no. 3 (July 1, 1993): 213–22. https://doi.org/10.1177/002580249303300306.
Kevorkian, J., and G. W. Bylsma. "Transfusion of Postmortem Human Blood." *American Journal of Clinical Pathology* 35, no. 5 (May 1, 1961): 413–19. https://doi.org/10.1093/ajcp/35.5.413.
M. Sh. Khubutiya, S. A. Kabanova, P. M. Bogopol'skiy, S. P. Glyantsev, and V. A. Gulyaev. "Transfusion of cadaveric blood: an outstanding achievement of Russian transplantation, and transfusion medicine (to the 85th anniversary since the method establishment)." *Transplantologiya* 4 (2015): 61–73. https://www.jtransplantologiya.ru/jour/article/view/85?locale=en_US.
Moore, Charles L., John C. Pruitt, and Jesse H. Meredith. "Present Status of Cadaver Blood as Transfusion Medium: A Complete Bibliography on Studies of Postmortem Blood." *Archives of Surgery* 85, no. 3 (1962): 364–70. https://jamanetwork.com/journals/jamasurgery/article-abstract/560305.
Roach, Mary. *Stiff: The Curious Lives of Human Cadavers*. New York and London: W. W. Norton, 2003. See pp. 228–32. ロ（2005）．『死体はみんな生きている』メアリー・ローチ，殿村直子 訳（NHK 出版，2005）
Vásquez-Valdés, E., A. Marín-López, C. Velasco, E. Herrera-Martínez, A. Pérez-Rojas, R. Ortega-Rocha, M. Aldama-Romano, J. Murray, and D. C. Barradas-Guevara. [Blood Transfusions from Cadavers]. Article in Spanish. *Revista de Investigación Clínica* 41, no. 1 (January–March 1989): 11-6. https://www.ncbi.nlm.nih.gov/pubmed/2727428.
Nebraska Department of Health and Human Services. "Organ, Eye and Tissue Donation." http://dhhs.ne.gov/publichealth/Pages/otd_index.aspx.

buried bodies in northern France." *International Journal of Legal Medicine* 118, no. 4 (April 28, 2004). https://www.deepdyve.com/lp/springer-journals/entomofauna-of-buried-bodies-in-northern-france-23c5gd95d0?articleList=%2Fsearch%3Fquery%3Dcorpse%2Bpreservation%26page%3D10.

Bloudoff-Indelicato, Mollie. "Arsenic and Old Graves: Civil War-Era Cemeteries May Be Leaking Toxins." *Smithsonian*, October 30, 2015. https://www.smithsonianmag.com/science-nature/arsenic-and-old-graves-civil-war-era-cemeteries-may-be-leaking-toxins-180957115/.

19. サッカーをする皮膚のない死体が展示されていたけど誰なの？

Bodyworlds. "Body Donation." https://bodyworlds.com/plastination/bodydonation/.

Burns, L. "Gunther von Hagens' BODY WORLDS: selling beautiful education." *American Journal of Bioethics* 7, no. 4 (April 2007): 12–23. https://www.ncbi.nlm.nih.gov/pubmed/17454986.

Engber, Daniel. "The Plastinarium of Dr. Von Hagens." *Wired*, February 12, 2013. https://www.wired.com/2013/02/ff-the-plastinarium-of-dr-von-hagens/.

Ulaby, Neda. "Origins of Exhibited Cadavers Questioned." *All Things Considered*, NPR, August 11, 2006. https://www.npr.org/templates/story/story.php?storyId=5637687.

BODIES The Exhibition, "Bodies the Exhibition Disclaimer," http://www.premierexhibitions.com/exhibitions/4/4/bodies-exhibition/bodies-exhibition-disclaimer.

20. 死ぬときに何かを食べていたら消化される？

Bisker, C., and T. Komang Ralebitso-Senior. "Chapter 3—The Method Debate: A State-of-the-Art Analysis of PMI Investigation Techniques." *Forensic Ecogenomics* 2018: 61–86. https://doi.org/10.1016/b978-0-12-809360-3.00003-5.

Madea, B. "Methods for determining time of death." *Forensic Science, Medicine, and Pathology* 12, no. 4 (June 4, 2016): 451–485. https://doi.org/10.1007/s12024-016-9776-y.

WebMD. "Your Digestive System." https://www.webmd.com/heartburn-gerd/your-digestive-system#1.

Suzuki, Shigeru. "Experimental studies on the presumption of the time after food intake from stomach contents." *Forensic Science International* 35, nos. 2–3 (October–November 1987): 83–117. https://doi.org/10.1016/0379-0738(87)90045-4.

21. 棺桶サイズはみんな同じなの？　めちゃくちゃ背の高い人はどうなる？

Memorials.com. "Oversized Caskets." https://www.memorials.com/oversized-caskets.php.

Collins, Jeffrey. "Judge closes funeral home that cut off a man's legs." *Post and Courier*, July 14, 2009. https://www.postandcourier.com/news/judge-closes-funeral-home-that-

blackdoctor.org/454040/brain-dead-vs-coma-vs-vegetative-state-whats-the-difference/.

Kiel, Carly. "12 Amazing Real-Life Resurrection Stories." *Weird History*. https://www.ranker.com/list/top-12-real-life-resurrection-stories/carly-kiel.

Marshall, Kelli. "4 People Who Were Buried Alive (And How They Got Out)." *Mental Floss*, February 15, 2014. http://mentalfloss.com/article/54818/4-people-who-were-buried-alive-and-how-they-got-out.

Lumen. "Lower-Level Structures of the Brain." https://courses.lumenlearning.com/teachereducationx92x1/chapter/lower-level-structures-of-the-brain/.

Morton, Ella. "Scratch Marks on Her Coffin: Tales of Premature Burial." *Slate*, October 7, 2014. https://slate.com/human-interest/2014/10/buried-alive-victorian-vivisepulture-safety-coffins-and-rufina-cambaceres.html.

Haynes, Sterling. "Special Feature: Tobacco Smoke Enemas." *BC Medical Journal* 54, no. 10 (December 2012): 496–97. https://www.bcmj.org/special-feature/special-feature-tobacco-smoke-enemas.

Icard, Severin. "The Written Test of the Dead and the Bump Map of Crime." *JF Ptak Science Books* (blog), post 2062. https://longstreet.typepad.com/thesciencebookstore/2013/07/jf-ptak-science-books-post-2062-the-determination-of-the-occurrence-of-death-was-a-major-medical-feature-of-the-19th-centur.html.

Association of Organ Procurement Organizations. "Declaration of Brain Death." http://www.aopo.org/wikidonor/declaration-of-brain-death/.

17. もし飛行機で死んじゃったらどうなる?

Clark, Andrew. "Airline's new fleet includes a cupboard for corpses." *Guardian*, May 10, 2004. https://www.theguardian.com/business/2004/may/11/theairlineindustry.travelnews.

18. 墓地に埋められた死体のせいで水がまずくならない?

Anderson, L. V. "Dead in the Water." *Slate*, February 22, 2013. http://www.slate.com/articles/health_and_science/explainer/2013/02/elisa_lam_corpse_water_what_diseases_can_you_catch_from_water_that_s_touched.html.

Sack, R. B., and A. K. Siddique. "Corpses and the spread of cholera." *Lancet* 352, no. 9140 (November 14, 1998): 1570. https://www.ncbi.nlm.nih.gov/pubmed/9843100.

Oliveira, Bruna, Paula Quintero, Carla Caetano, Helena Nadais, Luis Arroja, Eduardo Ferreira da Silva, and Manuel Senos Matias. "Burial grounds' impact on groundwater and public health: an overview." *Water and Environment Journal* 27, no. 1 (March 1, 2013). https://www.deepdyve.com/lp/wiley/burial-grounds-impact-on-groundwater-and-public-health-an-overview-wquMEqoYLq?articleList=%2Fsearch%3Fquery%3Dcorpse%2Bpreservation%26page%3D7.

Bourel, Benoit, Gilles Tournel, Valéry Hédouin, and Didier Gosset. "Entomofauna of

updated December 11, 2018. https://homeguides.sfgate.com/apartments-disclose-theres-death-44805.html.
Albrecht, Emily. "Dead Men Help No Sales." American Bar Association, n.d. https://www.americanbar.org/groups/young_lawyers/publications/tyl/topics/real-estate/dead-men-help-no-sales/.
"Do I have to Disclose a Death in the House?" Marcus Brown Properties, February 23, 2015. http://www.portlandonthemarket.com/blog/do-i-have-disclose-death-house/.
Order of the Good Death. "How Close Is Too Close? When Death Affects Real Estate." http://www.orderofthegooddeath.com/close-close-death-affects-real-estate.
White, Stephen Michael. "Should Landlords Tell Tenants About a Previous Death in the Property?" Rentprep, November 5, 2013. https://www.rentprep.com/leasing-questions/landlords-disclose-previous-death/.
Thompson, Jayne. "Does a Violent Death in a House Have to Be Disclosed?" *SFGate*, updated November 5, 2018. https://homeguides.sfgate.com/violent-death-house-disclosed-92401.html.

16. 植物状態のときに死んだと思われて生き埋めにされたらどうなる?

"Have People Been Buried Alive?" *Snopes*. https://www.snopes.com/fact-check/just-dying-to-get-out/.
Valentine, Carla. "Why waking up in a morgue isn't quite as unusual as you'd think." *Guardian*, November 14, 2014. https://www.theguardian.com/commentisfree/2014/nov/14/waking-morgue-death-janina-kolkiewicz.
Olson, Leslie C. "How Brain Death Works." *How Stuff Works*. https://science.howstuffworks.com/life/inside-the-mind/human-brain/brain-death3.htm.
Senelick, Richard. "Nobody Declared Brain Dead Ever Wakes Up Feeling Pretty Good." *Atlantic*, February 27, 2012. https://www.theatlantic.com/health/archive/2012/02/nobody-declared-brain-dead-ever-wakes-up-feeling-pretty-good/253315/.
Brain Foundation. "Vegetative State (Unresponsive Wakefulness Syndrome)." http://brainfoundation.org.au/disorders/vegetative-state.
"Buried Alive: 5 Historical Accounts." *Innovative History*. http://innovativehistory.com/ih-blog/buried-alive.
Schoppert, Stephanie. "Back From the Dead: 8 Unbelievable Resurrections From History." *History Collection*. https://historycollection.co/back-dead-8-unbelievable-resurrections-throughout-history/.
"Beds, Herts & Bucks: Myths and Legends." BBC, November 10, 2014. http://www.bbc.co.uk/threecounties/content/articles/2008/09/29/old_mans_day_feature.shtml.
Adams, Susan. "A Fate Worse Than Death." *Forbes*, March 5, 2001. https://www.forbes.com/forbes/2001/0305/193.html#eb157542f39f.
Black Doctor. "Brain Dead vs. Coma vs. Vegetative State: What's the Difference?" https://

October 26, 2010. https://www.theguardian.com/world/2010/oct/26/russia-bears-eat-corpses-graveyards.

A Grave Interest (blog). April 6, 2012. http://agraveinterest.blogspot.com/2012/04/leaving-stones-on-graves.html.

Mascareñas, Isabel. "Ellenton funeral home accused of digging shallow graves." *10 News*, WSTP, updated November 1, 2017. http://www.wtsp.com/article/news/local/manateecounty/ellenton-funeral-home-accused-of-digging-shallow-graves/67-487335913.

Paluska, Michael. "Cemetery mystery: Animals trying to dig up fresh bodies?" *ABC Action News*, WFTS Tampa Bay, updated October 30, 2017. https://www.abcactionnews.com/news/region-sarasota-manatee/cemetery-mystery-animals-trying-to-dig-up-fresh-bodies.

"Badgers dig up graves and leave human remains around cemetery, but protected animals cannot be removed." *Telegraph*, September 13, 2016. https://www.telegraph.co.uk/news/2016/09/13/badgers-dig-up-graves-and-leave-human-remains-around-cemetery-bu/.

Martin, Montgomery. *The History, Antiquities, Topography, and Statistics of Eastern India*, vol 2. London: William H. Allen, 1838.

14. 死ぬ直前にポップコーンのタネを一袋分飲み込んだら火葬したときにどうなる?

Gale, Christopher P., and Graham P. Mulley. "Pacemaker explosions in crematoria: problems and possible solutions." *Journal of the Royal Society of Medicine* 95, no. 7 (July 2002). https://www.ncbi.nlm.nih.gov/pmc/articles/PMC1279940/.

Kinsey, Melissa Jayne. "Going Out With a Bang." *Slate*, October 26, 2017. http://www.slate.com/articles/technology/future_tense/2017/10/implanted_medical_devices_are_saving_lives_they_re_also_causing_exploding.html.

15. 家を売るとき、その家で誰かが死んだことを正直に言わなきゃいけない?

Adams, Tyler. "Is it required to disclose a murder on a property in Texas?" *Architect Tonic* (blog), December 22, 2010. https://tdatx.wordpress.com/2010/12/22/is-it-required-to-disclose-a-murder-on-a-property-in-texas/.

Griswold, Robert. "Death in a rental unit must be disclosed." *SFGate*, June 24, 2007. https://www.sfgate.com/realestate/article/Death-in-a-rental-unit-must-be-disclosed-2584502.php.

DiedInHouse website. https://www.diedinhouse.com/.

Bray, Ilona. "Selling My House: Do I Have to Disclose a Previous Death Here?" *Nolo*, n.d. https://www.nolo.com/legal-encyclopedia/selling-my-house-do-i-have-disclose-previous-death-here.html.

Spengler, Teo. "Do Apartments Have to Disclose if There's Been a Death?" *SFGate*,

11. 変顔で死んだら変顔のまま永遠に固まっちゃう?

D'Souza, Deepak H., S. Harish, M. Rajesh, and J. Kiran. "Rigor mortis in an unusual position: Forensic considerations." *International Journal of Applied and Basic Medical Research* 1, no. 2 (July–December 2011): 120–22. https://www.ncbi.nlm.nih.gov/pmc/articles/PMC3657962/.

Rao, Dinesh. "Muscular Changes." *Forensic Pathology*. http://www.forensicpathologyonline.com/e-book/post-mortem-changes/muscular-changes.

Senthilkumaran, Subramanian, Ritesh G. Menezes, Savita Lasrado, and Ponniah Thirumalaikolundusubramanian. "Instantaneous rigor or something else?" *American Journal of Emergency Medicine* 31, no. 2 (February 2013): 407. https://www.ajemjournal.com/article/S0735-6757(12)00411-1/abstract.

Fierro, Marcella F. "Cadaveric spasm." *Forensic Science, Medicine, and Pathology* 9, no. 2 (April 10, 2013). https://www.deepdyve.com/lp/springer-journals/cadaveric-spasm-aFQAGR1PmQ?articleList=%2Fsearch%3Fquery%3Dcadaveric%2Bspasm.

12. おばあちゃんを海賊バイキング式の水葬にしてもらえる?

Dobat, Andres Siegfried. "Viking stranger-kings: the foreign as a source of power in Viking Age Scandinavia, or, why there was a peacock in the Gokstad ship burial?" *Early Medieval Europe* 23, no. 2 (May 1, 2015). https://www.deepdyve.com/lp/wiley/v-iking-stranger-kings-the-foreign-as-a-source-of-power-in-v-iking-a-SDfkk3w00D?articleList=%2Fsearch%3Fquery%3Dviking%2Bfuneral.

Devlin, Joanne. Review of *The Archaeology of Cremation: Burned Human Remains in Funerary Studies*, edited by Tim Thompson. *American Journal of Physical Anthropology* 162, no. 3 (March 1, 2017). https://www.deepdyve.com/lp/wiley/the-archaeology-of-cremation-burned-human-remains-in-funerary-studies-0JPA0fEoP9?articleList=%2Fsearch%3Fquery%3Dcremation%2Bscandinavia.

ThorNews. "A Viking Burial Described by Arab Writer Ahmad ibn Fadlan." May 12, 2012. https://thornews.com/2012/05/12/a-viking-burial-described-by-arab-writer-ahmad-ibn-fadlan/.

Spatacean, Cristina. *Women in the Viking Age: Death, Life After and Burial Customs*. Oslo: University of Oslo, 2006.

Montgomery, James E. "Ibn Fadlan and the Rusiyyah." *Journal of Arabic and Islamic Studies* 3 (2000). https://www.lancaster.ac.uk/jais/volume/volume3.htm.

13. どうして動物はお墓を掘り起こしたりしないの?

Hoffner, Ann. "Why does grave depth matter for green burial?" Green Burial Naturally, March 2, 2017. https://www.greenburialnaturally.org/blog/2017/2/27/why-does-grave-depth-matter-for-green-burial.

Harding, Luke. "Russian bears treat graveyards as 'giant refrigerators.'" *Guardian*,

Smithsonian, January 31, 2017. https://www.smithsonianmag.com/smart-news/new-order-insect-found-trapped-ancient-amber-180961968/.

7. 死んだら身体の色が変わるのはどうして？

Geberth,Vernon J. "Estimating Time of Death." *Law and Order* 55, no. 3 (March 2007).

Presnell, S. Erin. "Postmortem Changes." *Medscape*, updated October 13, 2015. https://emedicine.medscape.com/article/1680032-overview.

Australian Museum. "Stages of Decomposition." November 12, 2018. https://australianmuseum.net.au/stages-of-decomposition.

Claridge, Jack. "The Rate of Decay in a Corpse." *Explore Forensics*, updated January 18, 2017. http://www.exploreforensics.co.uk/the-rate-of-decay-in-a-corpse.html.

8. 大人の体が火葬後にはあんな小さな容れ物に納まるのはなぜ？

Cremation Solutions. "All About Cremation Ashes." https://www.cremationsolutions.com/information/scattering-ashes/all-about-cremation-ashes.

Warren, M. W., and W. R. Maples. "The anthropometry of contemporary commercial cremation." *Journal of Forensic Science* 42, no. 3 (1997): 417–23. https://www.ncbi.nlm.nih.gov/pubmed/9144931.

10. 〝ビデンデンの乙女〟みたいな結合双生児は死ぬときも一緒なの？

Geroulanos, S., F. Jaggi, J. Wydler, M. Lachat, and M. Cakmakci. [Thoracopagus symmetricus. On the separation of Siamese twins in the 10th century A. D. by Byzantine physicians]. Article in German. Gesnerus 50, pt. 3–4 (1993): 179–200. https://www.ncbi.nlm.nih.gov/pubmed/8307391.

Bondeson, Jan. "The Biddenden Maids: a curious chapter in the history of conjoined twins." *Journal of the Royal Society of Medicine* 85, no. 4 (April 1992): 217–21. https://www.ncbi.nlm.nih.gov/pubmed/1433064.

Associated Press. "Twin Who Survived Separation Surgery Dies." *New York Times*, June 10, 1994. https://www.nytimes.com/1994/06/10/us/twin-who-survived-separation-surgery-dies.html.

Davis, Joshua. "Till Death Do Us Part." *Wired*, October 1, 2003. https://www.wired.com/2003/10/twins/.

Quigley, Christine. *Conjoined Twins: An Historical, Biological and Ethical Issues Encyclopedia*. Jefferson, NC: McFarland, 2012.

Smith, Rory, and Anna Cardovillis. "Tanzanian conjoined twins die at age 21." CNN, June 4, 2018. https://www.cnn.com/2018/06/04/health/tanzanian-conjoined-twins-death-intl/index.html.

October 24, 2017. https://www.reuters.com/investigates/special-report/usa-bodies-qanda/.
Lovejoy, Bess. “Julia Pastrana: A ‘Monster to the Whole World.’ ” *Public Domain Review*, November 26, 2014. https://publicdomainreview.org/2014/11/26/julia-pastrana-a-monster-to-the-whole-world/.

4．死体が勝手に立ち上がったりしゃべったりすることはある？

Berezow, Alex. “Which Bacteria Decompose Your Dead, Bloated Body?” *Forbes*, November 5, 2013. https://www.forbes.com/sites/alexberezow/2013/11/05/which-bacteria-decompose-your-dead-bloated-body/#637b6f3295a8.
Howe, Teo Aik. “Post-Mortem Spasms.” *WebNotes in Emergency Medicine*, December 25, 2008. http://emergencywebnotes.blogspot.com/2008/12/post-mortem-spasms.html.
Costandi, Moheb. “What happens to our bodies after we die?” *BBC Future*, May 8, 2015. http://www.bbc.com/future/story/20150508-what-happens-after-we-die.
Bondeson, Jan. *Buried Alive: The Terrifying History of Our Most Primal Fear*. New York: W. W. Norton, 2001.
Gould, Francesca. *Why Fish Fart: And Other Useless or Gross Information About the World*. New York: Jeremy P. Tarcher/Penguin, 2009.

5．裏庭に埋めた犬を掘り起こしたらどうなってる？

O’Brien, Connor. “Pet exhumations a growing business as more people move house and take their loved animals with them.” *Courier-Mail*, May 4, 2014. https://www.couriermail.com.au/business/pet-exhumations-a-growing-business-as-more-people-move-house-and-take-their-loved-animals-with-them/news-story/58069b3ed49b6c49f1a3f9c7c1d11514.
Ask MetaFilter. “How to go about moving a pet’s grave.” May 3, 2012. https://ask.metafilter.com/214497/How-to-go-about-moving-a-pets-grave.
Berger, Michele. “From Flesh to Bone: The Role of Weather in Body Decomposition.” Weather Channel, October 31, 2013. https://weather.com/science/news/flesh-bone-what-role-weather-plays-body-decomposition-20131031.
Emery, Kate Meyers. “Taphonomy: What Happens to Bones After Burial?” *Bones Don’t Lie* (blog), April 5, 2013. https://bonesdontlie.wordpress.com/2013/04/05/taphonomy-what-happens-to-bones-after-death/.

6．ボクの死体も化石の昆虫みたいに琥珀に埋め込める？

Udurawane, Vasika. “Trapped in time: The top 10 amber fossils.” *Earth Archives*, “almost three years ago” (from February 13, 2019). http://www.eartharchives.org/articles/trapped-in-time-the-top-10-amber-fossils/.
Daley, Jason. “This 100-Million-Year-Old Insect Trapped in Amber Defines New Order.”

Czarnik, Tamarack R. "Ebullism at 1 Million Feet: Surviving Rapid/Explosive Decompression." Available at http://www.geoffreylandis.com.

3．お父さんとお母さんが死んだら頭蓋骨をとっておきたいんだけど？

Zigarovich, Jolene. "Preserved Remains: Embalming Practices in Eighteenth-Century England." *Eighteenth-Century Life* 33, no. 3 (October 1, 2009). https://doi.org/10.1215/00982601-2009-004.

Carney, Scott. "Inside India's Underground Trade in Human Remains." *Wired*, November 27, 2007. https://www.wired.com/2007/11/ff-bones/.

Halling, Christine L., and Ryan M. Seidemann. "They Sell Skulls Online?!: A Review of Internet Sales of Human Skulls on eBay and the Laws in Place to Restrict Sales." *Journal of Forensic Sciences* 61, no. 5 (September 1, 2016). https://www.ncbi.nlm.nih.gov/pubmed/27373546.

McAllister, Jamie. "4 Things to Do With Your Skeleton After You Die." *Health Journal*, October 5, 2016. http://www.thehealthjournals.com/4-things-skeleton-die/.

Inglis-Arkell, Esther. "So you want to hang your skeleton in public? Here's how." *io9*, June 6, 2012. https://io9.gizmodo.com/5916310/so-you-want-to-donate-your-skeleton-to-a-friend.

"Can bones be willed to a family member after death?" Law Stack Exchange, edited December 26, 2016. https://law.stackexchange.com/questions/16007/can-bones-be-willed-to-a-family-member-after-death.

Hugo, Kristin. "Human Skulls Are Being Sold Online, But Is It Legal?" *National Geographic*, August 23, 2016. https://news.nationalgeographic.com/2016/08/human-skulls-sale-legal-ebay-forensics-science/.

OddArticulations. "Is owning a human skull legal?" January 6, 2018. http://www.oddarticulations.com/is-owning-a-human-skull-legal/.

The Bone Room. "Real Human Skulls." https://www.boneroom.com/store/c45/Human_Skulls.html.

Evans, Murray. "It's a gruesome job to clean skulls, but somebody has to do it." October 30, 2006. https://www.seattlepi.com/business/article/It-s-a-gruesome-job-to-clean-skulls-but-somebody-1218504.php.

Marsh, Tanya. "Internet Sales of Human Remains Persist Despite Questionable Legality." *Death Care Studies*, August 16, 2016. https://funerallaw.typepad.com/blog/2016/08/internet-sales-of-human-remains-persist-despite-questionable-legality.html.

"Sale of Organs and Related Statutes." https://2009-2017.state.gov/documents/organization/135994.pdf.

Vergano, Dan. "eBay Just Nixxed Its Human Skull Market." *Buzzfeed*, July 12, 2016. https://www.buzzfeednews.com/article/danvergano/skull-sales.

Shiffman, John, and Brian Grow. "Body donation: Frequently asked questions." Reuters,

参考文献

（ウェブサイトへのアクセスは 2019 年 2 月 3 日に確認）

1．ボクが死んだらうちのネコはボクの目玉を食べちゃうの？

Raasch, Chuck. "Cats kill up to 3.7B birds annually." *USA Today*, updated January 30, 2013. https://www.usatoday.com/story/news/nation/2013/01/29/cats-wild-birds-mammals-study/1873871/.

Umer, Natasha, and Will Varner. "Horrifying Stories Of Animals Eating Their Owners." *Buzzfeed*, January 8, 2015. https://www.buzzfeed.com/natashaumer/cats-eat-your-face-after-you-die?utm_term=.clnqjk9DM#.deQmAwq6K.

Livesey, Jon. "'Survivalist' chihuahua ate owner to stay alive after spending days with dead body before it was found." *Mirror,* October 30, 2017. https://www.mirror.co.uk/news/world-news/survivalist-chihuahua-ate-owner-stay-11434424.

Ropohi, D., R. Scheithauer, and S. Pollak. "Postmortem injuries inflicted by domestic golden hamster: morphological aspects and evidence by DNA typing." *Forensic Science International*, March 31, 1995. https://www.ncbi.nlm.nih.gov/pubmed/7750871.

Steadman, D. W., and H. Worne. "Canine scavenging of human remains in an indoor setting." *Forensic Science International*, November 15, 2007. https://www.ncbi.nlm.nih.gov/pubmed/?term=Canine+scavenging+of+human+remains+in+an+indoor+setting.

Hernández-Carrasco, Mónica, Julián M. A. Pisani, Fabiana Scarso-Giaconi, and Gabriel M. Fonseca. "Indoor postmortem mutilation by dogs: Confusion, contradictions, and needs from the perspective of the forensic veterinarian medicine." *Journal of Veterinary Behavior* 15 (September–October 2016): 56–60. https://www.sciencedirect.com/science/article/pii/S1558787816301447.

2．宇宙で宇宙飛行士が死んだらどうなる？

Stirone, Sharon. "What happens to your body when you die in space?" *Popular Science*, January 20, 2017. https://www.popsci.com/what-happens-to-your-body-when-you-die-in-space.

Order of the Good Death. "The final frontier . . . for your dead body." http://www.orderofthegooddeath.com/the-final-frontier-for-you-dead-body.

Herkewitz, William. "Could a Corpse Seed Life on Another Planet?" *Discover*, October 25, 2016. https://www.discovermagazine.com/the-sciences/could-a-corpse-seed-life-on-another-planet.

crazypulsar. "Vacuum & Hypoxia: What Happens If You Are Exposed to the Vacuum of Space?" *Indivisible System*, November 7, 2012. https://indivisiblesystem.wordpress.com/2012/11/07/what-happens-if-you-are-exposed-to-the-vacuum-of-space/.

■著 者　ケイトリン・ドーティ（Caitlin Doughty）

1984年ハワイ州オアフ島生まれ。シカゴ大学で中世史を学び、葬儀社に就職。「葬儀ディレクター」の資格を取得し、自身の葬儀会社「アンダーテイキングLA」を2015年に設立。著書『煙が目にしみる　火葬場が教えてくれたこと』（国書刊行会）と『世界のすごいお葬式』（新潮社）は、ニューヨークタイムズ紙ベストセラーとなる。YouTubeでは“Ask a Mortician（教えて葬儀屋さん）”というチャンネル名で投稿を続けているほか、“The Order of the Good Death（よき死の会）”の創始者でもある。ロサンゼルス在住。

■ 本文イラスト　ディアン・ルス（Dianné Ruz）

雑誌や書籍、展覧会で世界的に活躍するイラストレーター兼グラフィックデザイナー。メキシコ、ユカタン州メリダ在住。

■訳 者　十倉　実佳子（とくら みかこ）

1973年、京都府生まれ。大学在学中に奨学生としてイタリア国立パドヴァ大学文学部へ留学。卒業後、朝日新聞インターナショナル社（ニューヨーク）でのインターンシップなどを経て、教材出版社および学術出版社に勤務。現在はフリーランスで翻訳に携わる。訳書に『最高においしいワインの飲み方』（エクスナレッジ）、『みんなをおどろかせよう　科学マジック図鑑』（化学同人）がある。

うちのネコ、ボクの目玉を食べちゃうの？

お答えします！　みんなが知りたい死体のコト

2021年8月10日　第1刷　発行
2021年9月30日　第2刷　発行

訳　者　十倉　実佳子
発行者　曽根　良介
発行所　（株）化学同人

検印廃止

〒600‑8074 京都市下京区仏光寺通柳馬場西入ル
編集部 TEL 075‑352‑3711　FAX 075‑352‑0371
営業部 TEL 075‑352‑3373　FAX 075‑351‑8301
振　替　01010‑7‑5702
e-mail　webmaster@kagakudojin.co.jp
URL　https://www.kagakudojin.co.jp

印刷・製本　（株）シナノパブリッシングプレス

ISBN978‑4‑7598‑2155‑0